超有趣的

让人睡不着的数学

[日]樱井进（桜井 進）◎著

马文瑞◎译

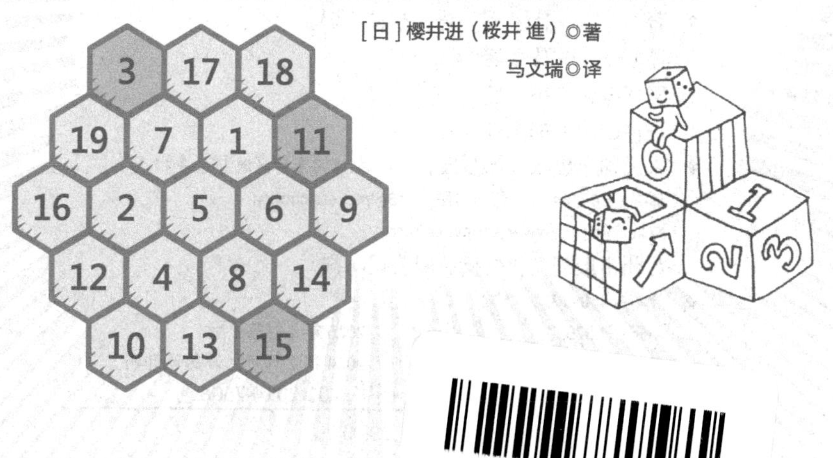

人 民 邮 电 出 版 社

北 京

图书在版编目（CIP）数据

超有趣的让人睡不着的数学 /（日）樱井进著 ；马文瑞译. -- 北京 ：人民邮电出版社，2016.1(2024.2重印)
（趣味科学大联盟）
ISBN 978-7-115-40651-4

Ⅰ. ①超… Ⅱ. ①樱… ②马… Ⅲ. ①数学一普及读物 Ⅳ. ①01-49

中国版本图书馆CIP数据核字(2015)第266738号

◆ 著　　[日] 樱井进（桜井 進）
译　　马文瑞
责任编辑　韦 毅
责任印制　彭志环
◆ 人民邮电出版社出版发行　　北京市丰台区成寿寺路 11 号
邮编 100164　电子邮件 315@ptpress.com.cn
网址 https://www.ptpress.com.cn
涿州市般润文化传播有限公司印刷
◆ 开本：880×1230 1/32
印张：4.875　　2016 年 1 月第 1 版
字数：89 千字　　2024 年 2 月河北第 39 次印刷
著作权合同登记号 图字：01-2014-7508 号

定价：29.00 元

读者服务热线：(010)81055410 印装质量热线：(010)81055316
反盗版热线：(010)81055315
广告经营许可证：京东市监广登字 20170147 号

内容提要

关于数学，还有很多在教科书里的公式和特定的计算步骤之外的故事。本书着眼于潜藏在谜题般的问题中的数学游戏，从猜数字魔术到神奇的幻方，从汉字中潜藏的数学问题到男女相遇的概率，从乘除法到质数大冒险，探求日常生活中隐藏着的无所不在的数学知识，还特别讲述了数学理论中有关“超”的概念及其神秘特质！

本书作者是日本畅销书作者樱井进，他带着我们一同踏上寻找数学奥秘的旅程，体验数学世界的风景。只要你有一颗认真看待数字的心，你就会听到世界上最美、最有趣的数学故事，看到过去的美好历史，还能找到别人尚未发现的风景！

前　言

请先看一看封面上左下方的图片吧。

这张图被称为幻方。所谓幻方，就是指每行、每列和对角线上的数字之和（相加所得的数字）都是相等的。而印在封面上的幻方被称作“魔六角阵”。为了使每行、每列和对角线上的数字之和都相等，还需要在其中填上几个数字。

请务必再看一次封面，确认上面的图案。

你也为数字的神秘感到震惊了吧。

正因为被这种令人震惊的数字游戏所吸引，日本的关孝和与印度的拉马努金才成为了数学家。这两位天才数学家都是在小时候与幻方结缘，从心底里期待着玩幻方游戏。

猜谜游戏是通往数字世界的入口。

而被数字世界所吸引的人们则踏上了去往计算的旅途。

正是数学让我们踏上计算之旅，并带我们走进未知的数字世界。数学是诠释整个宇宙甚至我们所能想到的庞大世界的语言。

不仅如此，不管是化妆技术、汉字还是男女相遇的概率等，我们身边都有着数学的身影。

本书的书名叫作《超有趣的让人睡不着的数学》，加上“超”字是有理由的，这一点将会在本书第三部分中进行说明。实际上，在数学领域中，存在着众多加上了“超”字的词汇，例如超空间、超几何函数、超越数、超数学……可惜这些概念或理论甚至在高中数学课本中也都不会出现。人类之手无法触及的宇宙边界，以及能够探寻微观世界的数学本身，都是“超越”了普通理论的存在。

数学之中的“超”是一个数量庞大且很有意思的概念，其中的奥妙值得大家共同体会。

踏上计算之旅的旅人——数学家们，是怀揣着何种愿望踏上旅途的？又是以怎样的想法继续旅程的？他们在终点看到的风景又会是怎样的呢？科学领航员做出如下回答。

数学究竟是怎么出现的？
我们回顾历史的时候，
总能看到数学的身影。
人为何要学习数学呢？
第一次用心的计算，
便是旅途的开始。

好了，让我们一同踏上寻找数学奥秘的旅程吧。

为了能安全而又舒适地体验计算的风景和数学的世界，就由我——科学领航员来为大家指路吧。

目录

第一部分

抑制不住想与人诉说的数学

数学让你更受欢迎——美人角

蒙娜丽莎为什么那么吸引人？

让我们来看看美女。

以电影《罗马假日》成名的奥黛丽·赫本，即使以现代人的眼光来看也依然光彩照人，她是一位头戴闪耀光环的美女演员。

还有最终成为摩纳哥王妃的好莱坞明星格蕾丝·凯莉，以及美女中名声显赫的悲剧女演员玛丽莲·梦露。

◆美女的条件——“美人角”

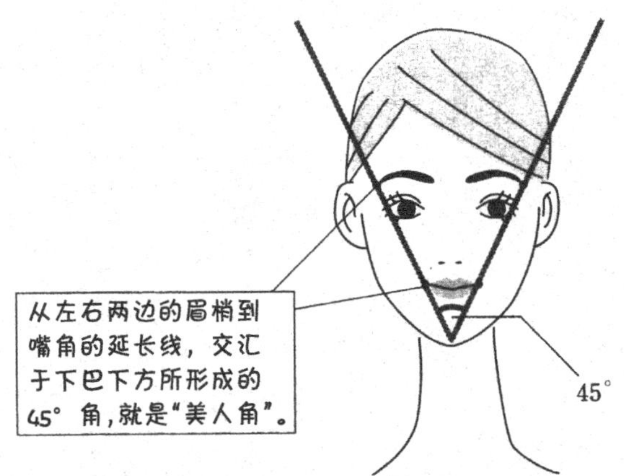

从左右两边的眉梢到
嘴角的延长线，交汇
于下巴下方所形成的
45° 角，就是“美人角”。
45°

千利休（日本茶道的“鼻祖”和集大成者）也喜欢45° 角！

这里的45° 角，以下就简称它为“美人角”吧。

实际上，美人角是指正方形与白银分割率（也称白银比例）之间的关系。

在日本的建筑中，伐木工常把从山上砍伐的粗圆木材加工成正方形的木料之后来使用。这样最节省材料，横截面的张力强度也很大，这正是正方形的特征。

使用木料建造的茶室大多看上去都是正方形的。正方形可称得上是由日本文化的象征之一——茶室所展现出的样式之美。

榻榻米的配置以及炉子、坐垫、褥子、隔扇，所有的一切，为营造静寂的氛围，均采用了正方形。正方形可以称得上是彻底避免浪费的形状。合理的茶具配置以及做法都被精心设计过，茶道就是这样一个世界。

◆ 白银比

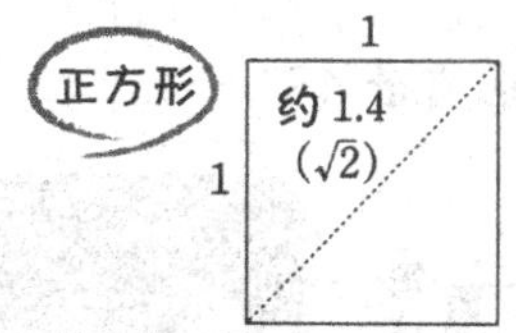

能剧[①]的舞台也是 45°

45° 同时也是正方形的对角线所形成的角度。

在作为传统艺术之一的能剧之中，正方形的舞台是至关重要的。以前曾听说过，扮演能剧主角的演员，通常在正方形舞台上表演时要注意沿着对角线的方向移动。也就是说，在能剧这个奥妙无穷的世界里，需要时刻把握住 45° 的方向。

另外，白银比例指的是 $1:\sqrt{2}$，$\sqrt{2}$ 的值约为 1.4，是正方形的对角线与边长的比值。

① 编辑注：能剧是日本重要的传统戏剧，这类剧主要以日文传统文学作品为脚本，在表现形式上辅以面具、服装、道具和舞蹈。——摘自“百度百科”

◆茶室多为正方形

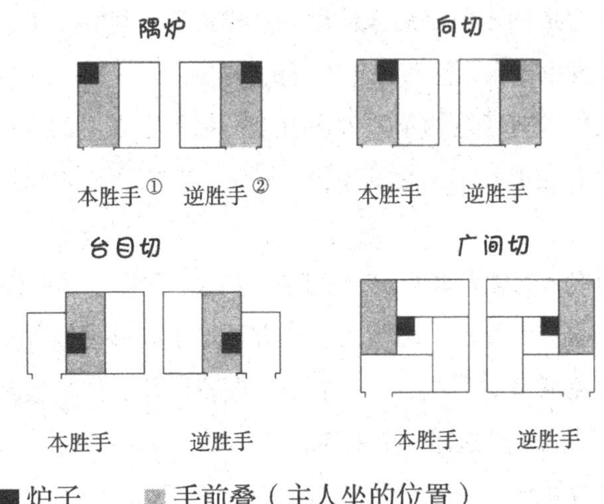

■炉子　▨手前叠（主人坐的位置）

◆能剧的世界也有着 45°

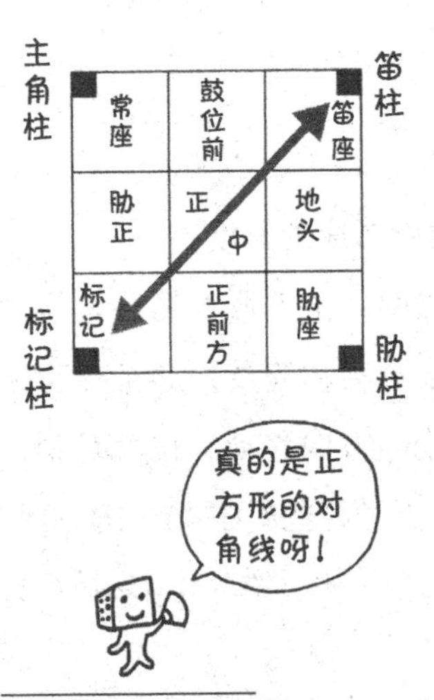

① 客人坐在主人的右侧。
② 客人坐在主人的左侧。

◆用打印纸来证明白银比例（=1.41421356…）

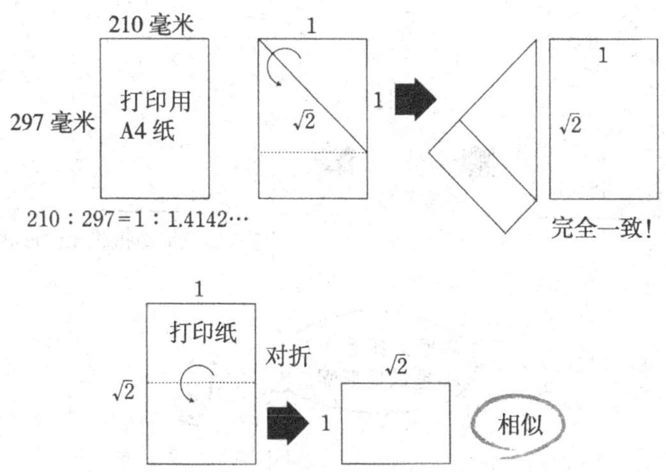

雪舟的水墨画和菱川师宣的《回首的美人图》也都展现出了白银比例，即 1.4。顺带一提，打印纸的横纵比也是白银比例，打印纸属于“白银长方形”。

打印纸具有对折之后的形状与原来的长方形相似的性质。顺带一提，白银比例指的是正方形的一边与对角线的比。

正方形的一边与对角线所形成的角度为 45°。让我们想象一下折纸的过程吧。正方形按对角线对折之后，可以折成一个两个内角为 45° 的等腰直角三角形，再对折一次之后，仍然是相似的等腰三角形。

◆无限相似的三角形

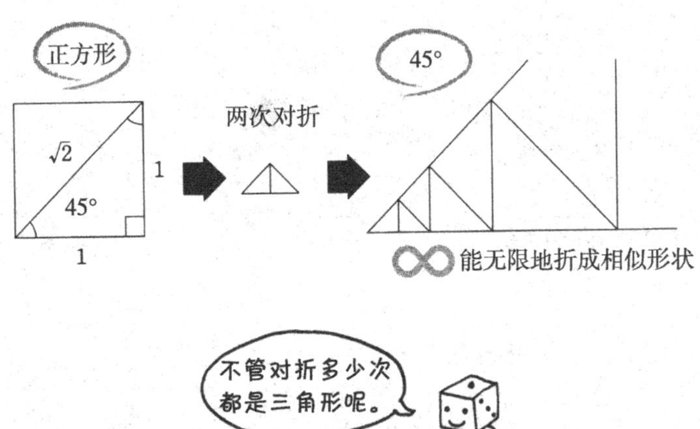

接下来，只要重复该步骤的话就能不断折出相似的等腰三角形来。

也就是说，我们能无限地折叠出相似的形状。（纸可以折叠的次数必然是有限的。）

因此，45° 角是一个会让人联想到正方形与白银比例，甚至还能创造出无限相似形状的角度。

说不定确立了茶道世界的千利休，在水墨画的世界取得了伟大功绩的雪舟，都发现了45° 角的秘密呢。

美女化妆靠角度

在女性脸庞这个美丽的舞台上所展现出的45° 角，不仅会让人联想到正方形和白银比例，还具有一种毫无浪费的美感。

不仅如此，45° 还会让人想到可无限地折出相似三角形的等腰直角三角形。

45° 不就是以潜移默化的方式，诉说着人们对于美的认识吗？人们大概就是通过对 45° 的观察，从中体会了无限的美和永远的美吧。

这就是“美人 45° 角”的秘密。

下面就让我们来试试看，请您先从正面拍一张脸部的照片，然后在上面画出两条线并测算它们的夹角。

好了，您是否也是“美人角”的拥有者呢？如果不是，那也没有关系。

即使不是完美的 45° 角，要是能拥有与之接近的角度的话，就可以将“美人角”活用到化妆这一实践过程中来。

对对，就是这样，只要调整好眉毛的线条长度就可以了。请务必试试“美人 45° 角理论”哟。

计算器上的神秘猜数字魔术

能用计算器实现的有趣魔术

计算器是我们身边非常常见的工具。

相信大家都曾听说过一个使用计算器，不管是谁都能完成的“猜数字魔术”吧。下面就为大家介绍该魔术的表演方法，首先请先准备一个能显示 10 位以上数字的计算器。

然后找一个观看你表演魔术的人，一边按照以下内容同他说话，一边按照步骤请他输入数字和记号。

[步骤 1] 首先，一边向他说“接下来我要施展魔法，你先稍等一会儿”，一边在计算器中输入“12345679”。

[步骤 2] 按下 [×](乘号) 之后对他说：“现在从 1 到 9 之中，选取一个你喜欢的数字（保密的数字）按下去，然后再按下 =（等号）。”之后把计算器交给他。

[步骤 3] 在观众将数字按好之后，请他把计算器还给你，并对他说：“我现在将要再度施展能解读出你所选择的数字的魔法。”然后按顺序按下“×”“9”“=”。

[步骤 4] 在确认此时显示的数字之后，将计算器展示给观众看，同时说：“你之前输入的数字是○○吧。”然后再猜出那个“保密的数字”即可。

那么话说回来，我们真的能猜中那个“保密的数字”吗？让我们来回顾一下全部的步骤吧。

[步骤1] 输入“12345679”。

[步骤2] 如果观众选了数字“7”，算式会变成“12345679×7”。

[步骤3] 按下“×”之后，计算器会显示“86419753”，接下来按下“×9”。

◆计算器魔术，你也试试看！

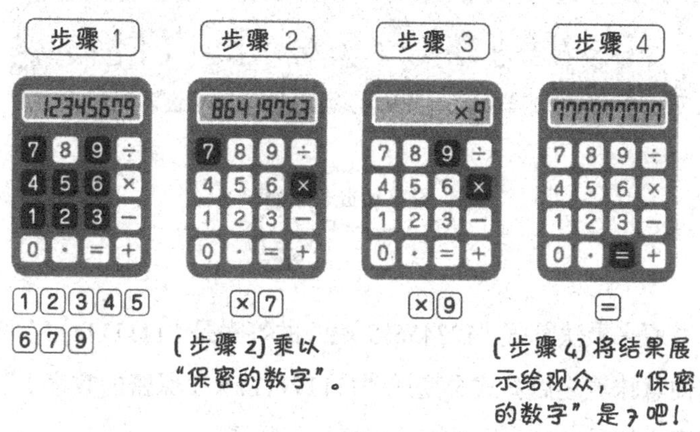

[步骤4] 计算器上显示“777777777”。

实际上，在[步骤4]中，计算器会以“9个数字并排”的状态显示出对方所选的数字，看到那个数字之后，你就会知道他选择的数字是7，之后只需给出正确答案即可。

也就是说，这是个看到了最后的结果之后，就能知道“保密的数字”的游戏。

接下来，就让我们来揭开计算器魔术的真相吧。

实际上，从[步骤1]到[步骤4]的过程中，实际的算式是“12345679×（保密的数字）×9”。在这个计算式中，即使将顺序替换为“12345679×9×（保密的数字）”也是可以的。

◆计算器魔术的揭秘

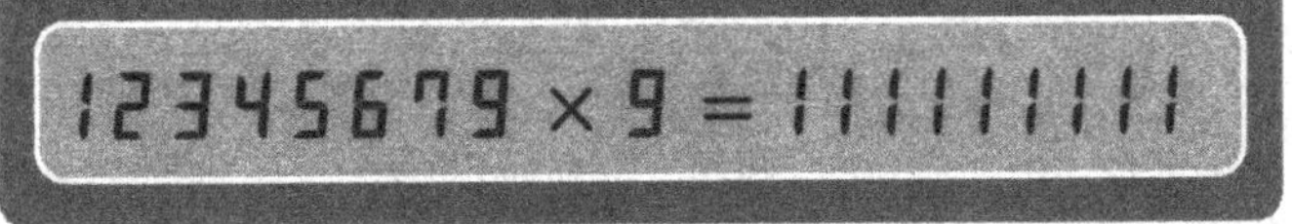

原来乘法算式“12345679×9”的答案是“111111111”呀。这便意味着之后算式会变成“111111111×（保密的数字）”，答案自然是“9个并列的保密的数字”了。

潜藏在汉字中的数字

长寿与汉字之间的不可思议的关系

正如八十八岁被称为“米寿”一样，在日本还有一些年龄也有“某某寿”的别称，例如七十七岁被称为“喜寿”，九十九岁被称为“白寿”。

真是多种多样啊，为什么我们要那样称呼呢？其实通过“潜藏在汉字中的数字”，可以发现汉字独特的感性的一面。

接下来，就让我们一起去发掘汉字中的数字吧。

八十八岁被称为“米寿”。如果将米寿的“米”字拆开来看，就会从中发现“八”“十”“八”这 3 个数字。因此“八十八岁”便被称为“米寿”。

接下来是被称为“喜寿”的七十七岁，请看“喜”这个汉字。若将“喜”写成草体的话，就是“㐂”字。将两个“七”并排横放的话，就是“七十七”了。

◆仔细看汉字的话……

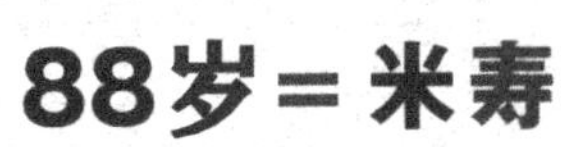

米 米 米
↓ ↓ ↓
八 十 八

◆草体中有秘密！①

77岁=喜寿

楷体 草体
喜 = 㐂 → 七七

至于九十九岁被称作“白寿”的理由，在于百岁的别名是“百寿”。试着将“百”这个汉字的第一画那一横去掉，这样就可以看到“白”这个汉字了。

如果试着用算式来表示的话，就能得到下页图中的减法算式。

汉字的减法和加法

存在于汉字中的数字除此之外还有很多，下面再给大家介绍几个。

八十岁被称作“伞寿”。将“伞”字写成草体就是“仐”，可以看出“八十”来呢。

◆不可思议的汉字计算① 答案是99的减法算式

100岁=百寿

99岁=白寿

百 − 一 = 白
100 − 1 = 99

◆草体中有秘密！②

80岁=伞寿

楷体 伞 = 草体 仐

仐→八
仐→十

◆分解成汉字的话……

81岁=半寿

半 半 半
↓ ↓ ↓
八 十 一

◆草体中有秘密！③

90岁=卒岁

楷体 卒 = 草体 卆

卆→九
卆→十

◆**不可思议的汉字计算② 111 的诞生**

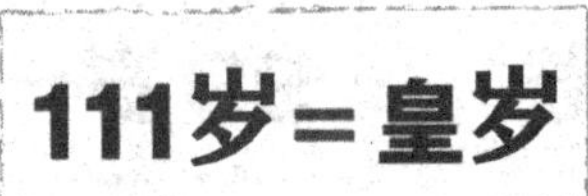

皇 皇 皇
↓ ↓ ↓
白 十 二

八十一岁被称为“半寿”或者是“盘寿”。仔细看“半”字的话，可以将它分解成“八”“十”“一”。

那么，为何又将它称为“盘寿”呢？

秘密在于将棋（又称日本象棋，一种流行于日本的棋盘游戏）棋盘上的方格。将棋是在“9×9”的方格棋盘上对决的，算下来就是 81 格。

九十岁是“卒岁”。“卒”字的草体写作“卆”，分解后可以看出其中包括了“九”和“十”。

一百一十一岁是“皇寿”，是将“皇”分解成“白”和“王”。“白”是汉字“百”将第一画那一横去掉，即“100−1=99”，而“王”中还隐藏着“十”和“二”，因此“99+10+2=111”。

此外，一千一百岁（虽说现实中人类的寿命达不到……）被称为“王寿”。可以看出“王”这个汉字就是由“千”和“一”组成的。

汉字猜谜——“解开茶寿的谜题”

下面是最后一个问题。一百零八岁也叫作“茶寿”。这是为什么呢？

提示：和“米寿”有关。

将“茶”的草字头从中间分开，可以分成“十”和“十”。也就是说，“10+10”就是“20”；而“茶”字草字头下面的部分，与“米”一样由“八”“十”“八”组成，也就是“88”。

那么“20+88”是多少呢？答案是“108”，对吧。

◆不可思议的汉字计算③ 108 的诞生

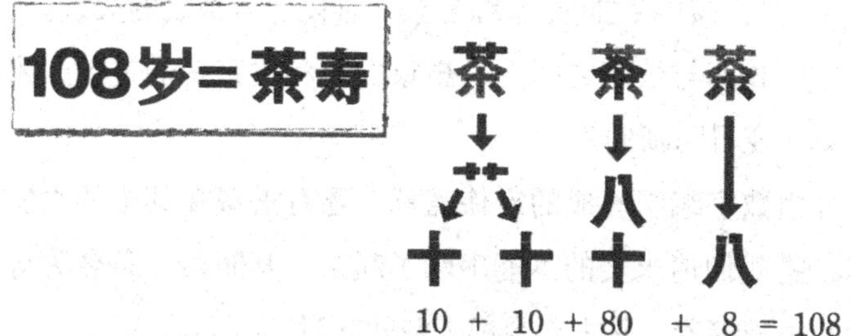

日本人的美感产生于和数字的邂逅

顺带一提，在歌曲《采茶歌》里，歌手一边做采茶的动作一边唱着“临近夏天的八十八个夜”。其中的“茶”和“88”也颇有渊源。有一种说法认为过去江户时代进行历法修改的时候，历法学者涉川春海将八十八夜记入了历法之中。

因此像“某某寿”这样的年龄的别称，是人们表现出的对长寿祝福之意的特别用法。这是绝妙的数字与汉字的合体。

大家也来试试看数字与汉字的合体方法吧，一定能发现只属于自己的“某某寿”哟。

尼采和达·芬奇都喜欢数学

沿着“等号”这条轨道将数学继续学下去

我们与数字之间是错综复杂、难以一言蔽之的关系。

而我们与数字之间无法想象的调和关系是通过数学家的计算而变得明晰的。

由数字编织而成的宏伟篇章，还有潜藏在其中的真实形态，将我们追求美的本能串联了起来，其间由一条名为等号的轨道连接着，从古至今都未曾间断过。

数字将我们人类与宇宙联结在一起的样子毫无疑问是美和奥秘的体现。能够通过数字感受其中的奥秘，这不正是我们人类的特权吗?

几条赞美数学的名言

发现了数学的奥秘的人们，都曾有过赞颂数学的名言。

那些无法应用数学式思维的学问和与数学无关的事物，都是没有丝毫可靠性的。

列奥纳多·迪·皮耶罗·达·芬奇

（意大利学者、画家，1452—1519）

第一部分

抑制不住想与人诉说的数学

试问还有哪种学问能像数学这样既拥有着无比的魅力，又对人类有着无限助益呢？

本杰明·富兰克林

（美国政治家、科学家，1706—1790）

只有数学繁荣和发展，国家才能富强。

拿破仑·波拿巴

（法兰西第一帝国皇帝，1769—1821）

只有借助数学的力量，天文学才能获得发展。

弗里德里希·冯·恩格斯

（德国思想家、革命家，1820—1895）

学习数学能够让我们与不灭之神离得更近。

柏拉图

（古希腊哲学家，公元前427—公元前347）

所有的科学都在设法尽可能多地吸收数学的敏锐性与准确性的特点。之所以会有这样的想法，并非想要借此让事物变得更容易理解，而是想要确定我们人类对待各种事物的态度。数学绝对是人类所共有并且是最根本的认知手段。

弗里德里希·威廉·尼采

（德国哲学家，1844—1900）

为了观察而存在的无限小的单位，也就是作为历史的微分，假定人们都存在有相同质量的意欲，那么只有在获得了积分技术的时候，我们才能拥有理解历史法则的期待。

列夫·托尔斯泰

（俄国作家，1828—1910）

怎么样呢？数学并不只是驻足于其学科本身之中，它为许多艺术家、哲学家、政治家指明了世界的真理和对世界的观察方法，并让他们获得了成功。

光荣的数学家们的名言

作为总结，下面让我们侧耳倾听这些著名的数学家的至理名言吧。

数学是万物生长之源。

毕达哥拉斯（约公元前570年）

数学只是对一丝不苟之人的精神的称赞与回报。

卡尔·雅可比（1804—1851）

第一部分

抑制不住想与人诉说的数学

数学的本质并非公式，而是在推导公式的过程中作为辅助的思考过程。

埃尔马科夫（1845—1822）

数学是一门没有怀疑余地的技术。

史密斯（1850—1934）

在数学当中，有着数不胜数的具有象征意义的记号，还有许多被认为是难以解答而又不可思议的学问。事实上，它们并不像那些未知记号那样难以理解。且说那些只有一部分的意思被人们所知晓、在使用上也并不顺利的记号，就连集中注意力追寻它的踪迹也都是很难办到的。（中略）但是，这些用语本身并没有那么难，它们总是用于让话题更容易理解。数学也是一样，若仔细研究数学中的各种概念，记号也一定会随之大幅简化并大显身手。

怀海德（1861—1974）

如魔法般的幻方

猜谜游戏？那也是魔术？

在数学中，虽不存在有幻术，但却有幻方。

下面介绍的幻方是在“$n \times n$”的方格框中填入数字，使其每行、每列和对角线上的数字之和都相等的不可思议的图形。

这在西方国家被称为“魔力正方形”。

下面就让我们来研究有关幻方的各种图形吧。

请看下面的图。

◆“3×3”的幻方阵

4	9	2
3	5	7
8	1	6

好啦，相信您已经知道了吧?

是啊，图中每行、每列和对角线上的数字之和都是“15”。

接下来，让我们试着验算一下吧。

首先是纵向相加。

2+7+6=15

9+5+1=15

4+3+8=15

然后是横向相加。

4+9+2=15

3+5+7=15

8+1+6=15

最后是对角线上的数字相加。

4+5+6=15

2+5+8=15

是吧，无论哪一组数字之和都是“15”。

无数的数组合起来，都能组成同一结果。这就是神奇的幻方。

究竟能加到什么程度——令人惊讶的幻方

下面继续向你介绍“4×4”的幻方。

◆ “4×4”的幻方

16	3	2	13
5	10	11	8
9	6	7	12
4	15	14	1

这次是每行、每列和对角线上的数字之和均为“34”。因为文字叙述比较困难，全部改用图表进行展示。

◆ “4×4”的幻方

横向相加

16	3	2	13
5	10	11	8
9	6	7	12
4	15	14	1

16 + 3 + 2 + 13 = 34
5 + 10 + 11 + 8 = 34
9 + 6 + 7 + 12 = 34
4 + 15 + 14 + 1 = 34

◆ “4×4”的幻方

纵向相加

16	3	2	13
5	10	11	8
9	6	7	12
4	15	14	1

13 + 8 + 12 + 1 = 34
2 + 11 + 7 + 14 = 34
3 + 10 + 6 + 15 = 34
16 + 5 + 9 + 4 = 34

◆ “4×4”的幻方

对角线方向相加

16	3	2	13
5	10	11	8
9	6	7	12
4	15	14	1

16 + 10 + 7 + 1 = 34
13 + 11 + 6 + 4 = 34

◆ “4×4”的幻方

“2×2”区域内相加

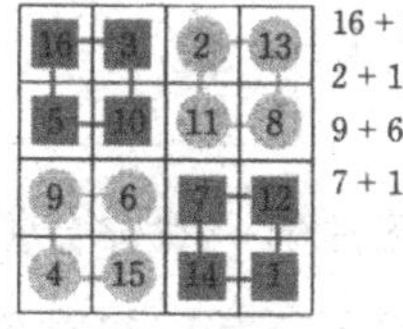

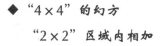

16 + 3 + 5 + 10 = 34
2 + 13 + 11 + 8 = 34
9 + 6 + 4 + 15 = 34
7 + 12 + 14 + 1 = 34

◆ “4×4”的幻方

还没完哟！相加得34的加法

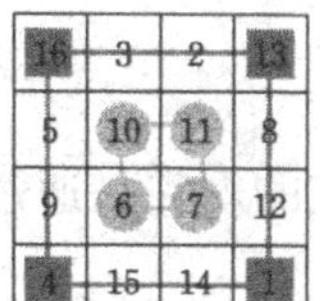

16 + 13 + 4 + 1 = 34
10 + 11 + 6 + 7 = 34

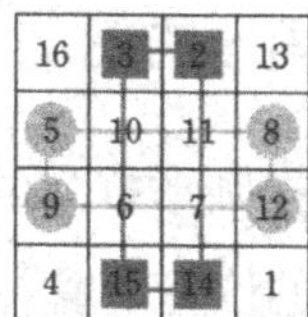

3 + 2 + 15 + 14 = 34
5 + 8 + 9 + 12 = 34

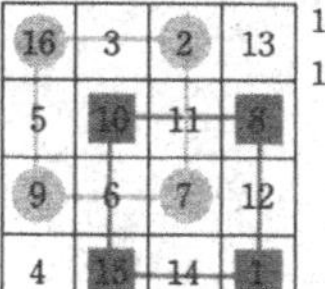

16 + 2 + 9 + 7 = 34
10 + 8 + 15 + 1 = 34

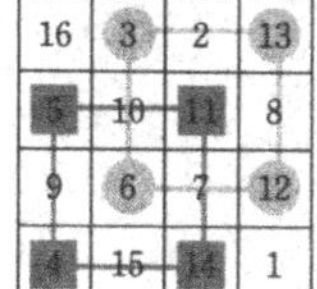

3 + 13 + 6 + 12 = 34
5 + 11 + 4 + 14 = 34

◆这个幻方究竟厉害在哪里?

并不仅仅如此。还有更多的方法能得出 34 这个答案。能像这样无止境地带给我们以惊奇，正是幻方的特征。

接下来还会有更加厉害的幻方登场。

14	7	2	11
1	12	13	8
15	6	3	10
4	9	16	5

上面的图片乍一看你会觉得与此前看到的幻方差不多。但实际上，除了正常的按对角线方向相加之外，像下页图中所示的特殊的斜向之和也能得出相同答案。这样的幻方被称为“完全幻方”。

还有圆形和六角形的哟!

除此之外，按圆形排列的幻方也是存在的。它是通过在圆周与直径相交的位置中填入数字构成的。

◆“完全幻方”还可以这样加！

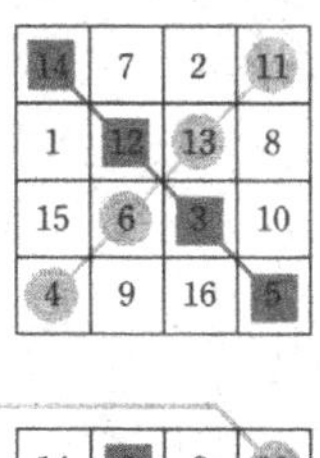

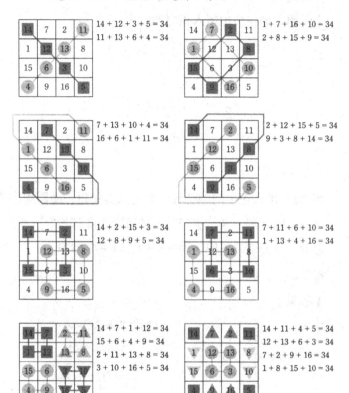

14 + 12 + 3 + 5 = 34
11 + 13 + 6 + 4 = 34

1 + 7 + 16 + 10 = 34
2 + 8 + 15 + 9 = 34

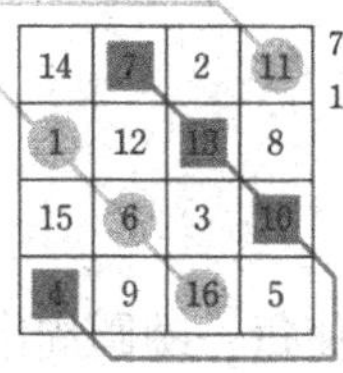

7 + 13 + 10 + 4 = 34
16 + 6 + 1 + 11 = 34

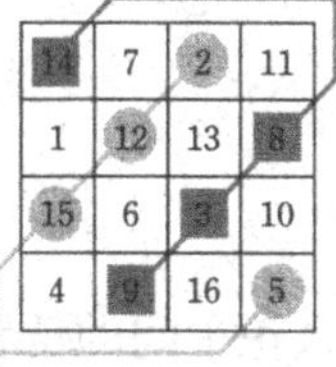

2 + 12 + 15 + 5 = 34
9 + 3 + 8 + 14 = 34

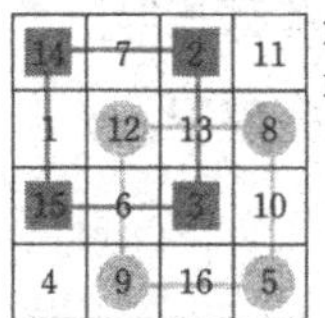

14 + 2 + 15 + 3 = 34
12 + 8 + 9 + 5 = 34

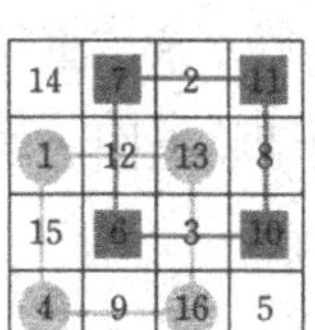

7 + 11 + 6 + 10 = 34
1 + 13 + 4 + 16 = 34

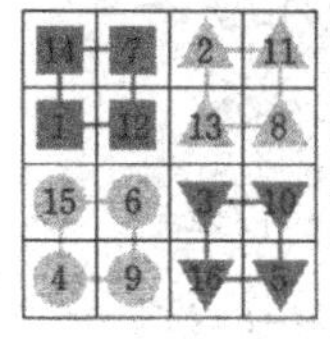

14 + 7 + 1 + 12 = 34
15 + 6 + 4 + 9 = 34
2 + 11 + 13 + 8 = 34
3 + 10 + 16 + 5 = 34

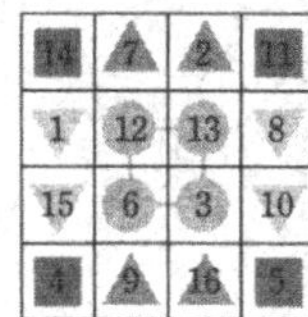

14 + 11 + 4 + 5 = 34
12 + 13 + 6 + 3 = 34
7 + 2 + 9 + 16 = 34
1 + 8 + 15 + 10 = 34

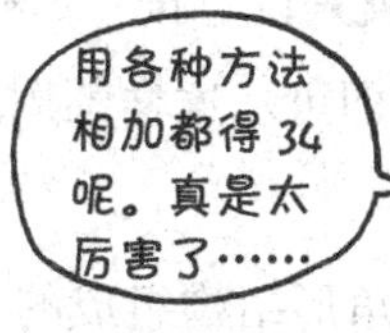

用各种方法
相加都得 34
呢。真是太
厉害了……

◆请完成下图中由圆形构成的幻方

【问题】请在○中填入相应的数字。

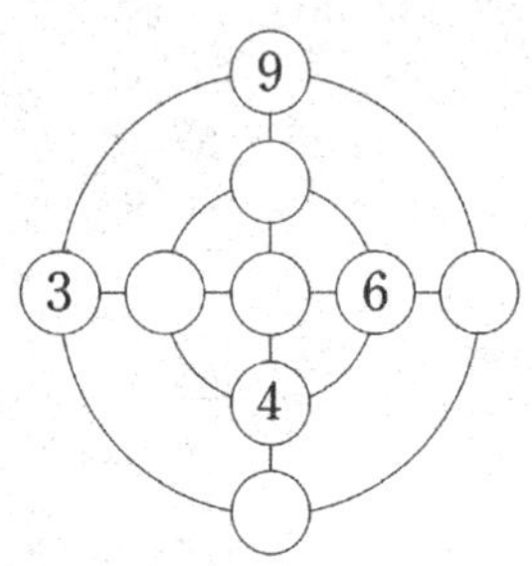

将“1”填入正中间的位置，然后试着使每一圈圆周中的数字之和，以及每一条“直径”上的数字之和都相等。

好啦，下面请将上图中的圆形幻方补充完整吧。

答案马上揭晓。

【答案】

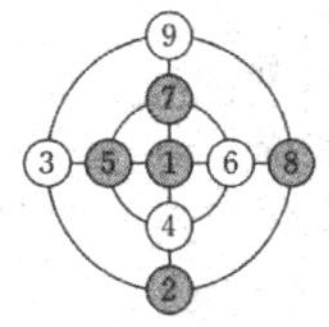

圆周 9+8+2+3=22

7+6+4+5=22

直径 9+7+1+4+2=23

3+5+1+6+8=23

将“1”填入正中间的位置，然后把较小的数字与较大的数字按顺序组合起来。也就是说，按“2 和 9”“3 和 8”“4 和 7”“5 和 6”这样构成即可。这样圆周之和就为“22”，直径之和为“23”。

不止如此，还有按六角形结构组成的六角幻方。请看下页上方的图片。

◆六角幻方

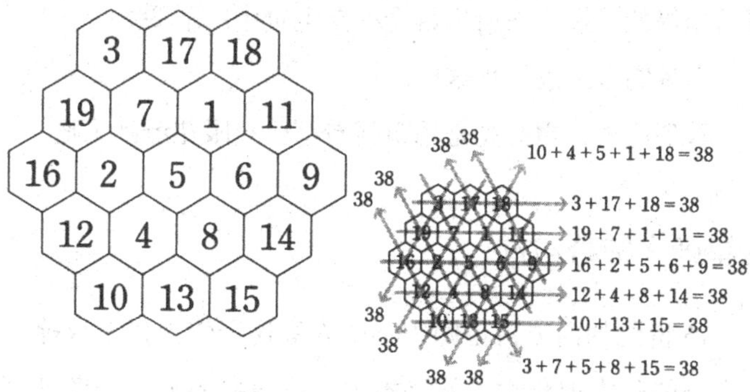

◆六角幻方 自由选择

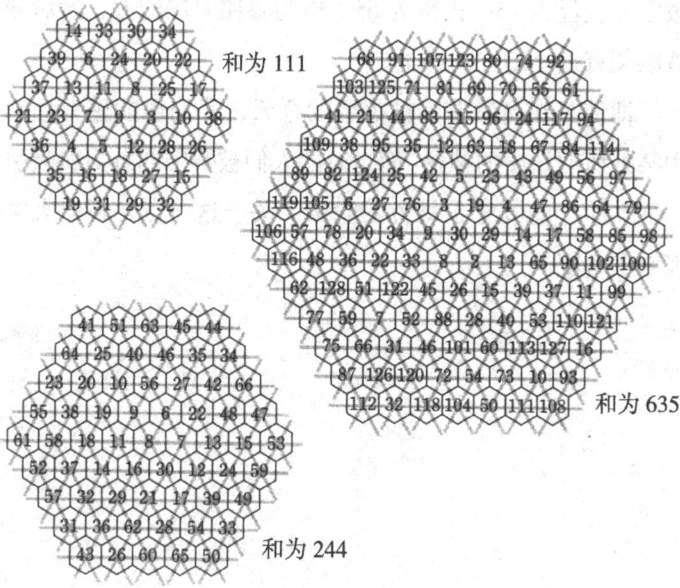

在六角幻方中，无论是左斜、右斜还是横向的数字之和都是相等的。接下来请把目光移向上页中的下图。

六角幻方远远不止这些。

看到这里，想必光是用眼睛看都已经眼花缭乱了吧。

占星师守护着幻方

16 世纪的西方占星师中不少人痴迷于作为犹太教神秘主义之一的犹太神秘学（数秘术）。所谓数秘术，是将出生年月日等各种各样的信息替换为数字，然后通过单独计算占卜未来。正如下页中所展示的，他们把“行星与卫星”替换为数字（土星为 15，火星为 65）作为参照组成幻方，然后守护着雕刻有这个幻方的牌子。

即使是在魔法并不被需要的今天，我们也能感觉到幻方中某处所散发出的神秘。而当时的人们被数字的魅力所吸引，从而萌生了想要守护幻方的念头，关于这一点，相信大家也能够理解吧。

◆占星师们的幻方

土星=15

4	9	2
3	5	7
8	1	6

木星=34

4	14	15	1
9	7	6	12
5	11	10	8
16	2	3	13

火星=65

11	24	7	20	3
4	12	25	8	16
17	5	13	21	9
10	18	1	14	22
23	6	19	2	15

太阳 =111

6	32	3	34	35	1
7	11	27	28	8	30
19	14	16	15	23	24
18	20	22	21	17	13
25	29	10	9	26	12
36	5	33	4	2	31

金星=175

22	47	16	41	10	35	4
5	23	48	17	42	11	29
30	6	24	49	18	36	12
13	31	7	25	43	19	37
38	14	32	1	26	44	20
21	39	8	33	2	27	45
46	15	40	9	34	3	28

水星=260

8	58	59	5	4	62	63	1
49	15	14	52	53	11	10	56
41	23	22	44	45	19	18	48
32	34	35	29	28	38	39	25
40	26	27	37	36	30	31	33
17	47	46	20	21	43	42	24
9	55	54	12	13	51	50	16
64	2	3	61	60	6	7	57

月亮=369

37	78	29	70	21	62	13	54	5
6	38	79	30	71	22	63	14	46
47	7	39	80	31	72	23	55	15
16	48	8	40	81	32	64	24	56
57	17	49	9	41	73	33	65	25
26	58	18	50	1	42	74	34	66
67	27	59	10	51	2	43	75	35
36	68	19	60	11	52	3	44	76
77	28	69	20	61	12	53	4	45

用正方形把正方形填满?!

有关“卢津的疑问”这个谜题

继幻方之后，这次向大家介绍的是不可思议的“被正方形分割的正方形”。下面请先看问题。

> **问题：**有没有可能用大小不一的正方形，重复地且毫无间隙地将一个正方形全部填满呢?

这个被称为“卢津的疑问”的问题为我们阐释了正方形之美以及与之相关的难题。

虽说接下来我们将会围绕着“正方形分割”的历史开始旅途，但即使是不看解说直接看图，也一定会被它的魅力所感染。

某位女性的宝物

1902 年出版的亨利·杜德尼的《坎特伯雷趣题集》中共介绍了 114 个谜题，其中第 40 个谜题叫作“伊莎贝尔夫人的小盒子”。

这位伊莎贝尔夫人所拥有的宝物是一个做工精湛的小木盒子。

盒子是正方体的结构，不仅如此，其内部也是用正方形隔开的。但其中还有“箱子中放有一片细长的黄金金箔（大小为 10 厘米 × $\frac{1}{4}$ 厘米）”的条件。

那么问题来了，这个小盒子究竟是什么样子的呢？

接下来我们便为你揭晓答案。

正如下图所示的那样，小盒子的一面即边长为 20 厘米的正方形，全被大小不一的正方形分隔开来；而且，可以看到最中间的部分还有一个 10 厘米 × $\frac{1}{4}$ 厘米的长方形。

◆ “伊莎贝尔夫人的小盒子”

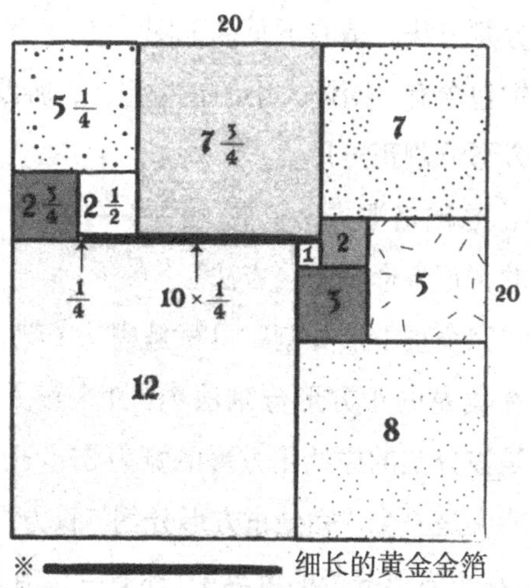

正因为杜德尼在其中加上了“细长的黄金金箔”这个“条件”，这个问题才得以解开。他还说明了在“无任何限制”的条件下，想用不同的正方形填满这样的一个正方形是不可能的。

难道我们真的不能"用不同的正方形将一个正方形全部填满"吗?

曾有许多人向这个谜题发起过挑战。

1903 年，德国的马克思·威尔海姆·德恩（1878—1952）证明了以下定理。

"长方形边长的比为有理数，是该长方形能被正方形分割的必要条件。"

当时德恩本人并未发现这条定理能成为后来解决该问题的巨大突破口。

1970 年，美国人萨姆·劳埃德（1841—1911）发现了下面的正方形分割方法。请看下页的上图。

由于其中包含有"同样大小的正方形"，所以它仍是"不完全"的正方形分割正方形。

1925 年，兹比格涅夫·莫龙（1904—1971）发表了如下页下图所示的"正方形分割"方法。

这样的"完全正方形分割"可算是成功了吧。

确实，在莫龙的正方形分割法中，9 个正方形的大小都不一样。但是被分割的原始正方形的宽为 32，长为 33，这再怎么看也只能说是一个"完全正方形分割'长方形'"罢了。

实际上，在正方形分割的世界中，还有一位有名的日本人，他是被称为"Abe"的安倍道雄。

1931 年，在那个就连正方形的"完全正方形分割"有没有出现都还不知道的年代，他进行了一项非常值得关注的研究。

◆由劳埃德提出的“不完全”正方形分割正方形（包含有大小相同的正方形）

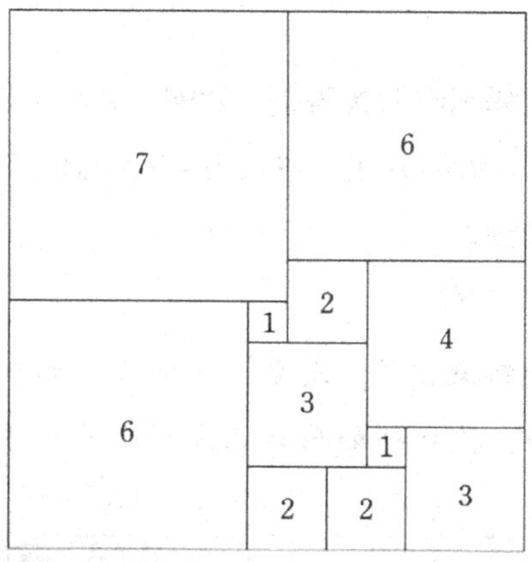

◆由莫龙提出的完全正方形分割“长方形”

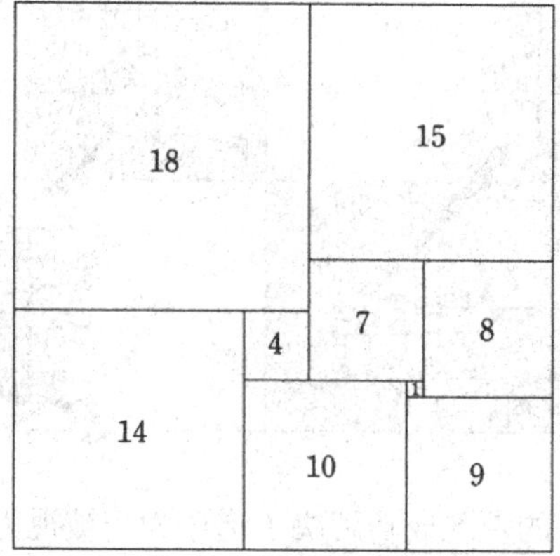

在长方形的正方形分割之中，需要用到9个正方形，由此可知，形状接近于正方形的长方形，是可以用大小不同的正方形填满的。

1938年，德国的斯普雷格（1894—1967）发现了“复合”正方形分割正方形的方法。边长为4205的正方形可以用共计55个正方形填满。

◆斯普雷格提出的“复合”完全正方形分割正方形

（55个，被分割的原始正方形边长为4205）

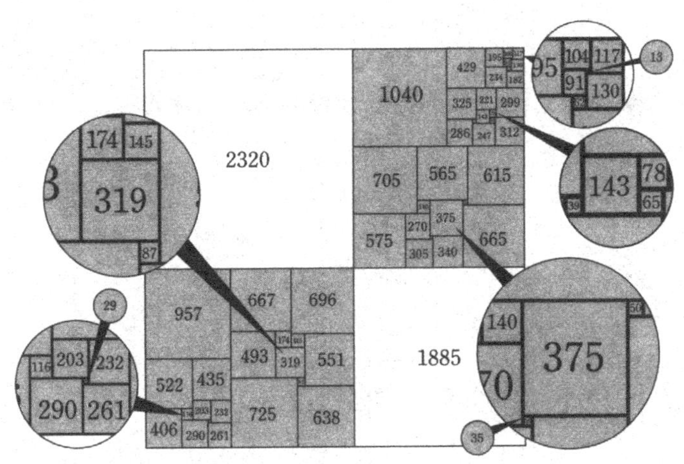

斯普雷格的发现成功解决了迄今为止被视为不可能的“用大小完全不相同的正方形将一个正方形填满”的问题，这是值得纪念的首次成功。

但是，我们不难发现在正方形中有两个大的长方形，因此它是一个“复合”完全正方形分割正方形法。

而杜德尼在《坎特伯雷趣题集》的问题中提出的“条件”并未完全实现。这只能是差一步的答案。

终于发现了“纯粹完全正方形分割正方形”

1939 年，剑桥大学的罗纳尔多·布鲁克斯终于发现了超越了“限制条件”的“‘纯粹’完全正方形分割正方形”的方法。

请看下页中的图片。边长为 4920 的正方形被 38 个正方形填满。

这次并没有像斯普雷格的图那样包含有长方形，因此我们将它称为“纯粹完全正方形分割正方形”。

从此之后，“纯粹完全正方形分割正方形”的示例如决堤一般不断被发现。

这项重大的突破是由包括布鲁克斯在内的剑桥大学的 4 个学生经过持续不断的试验后实现的。

◆由布鲁克斯完成的纯粹完全正方形分割正方形

（38 个，被分割的原始正方形边长为 4920）

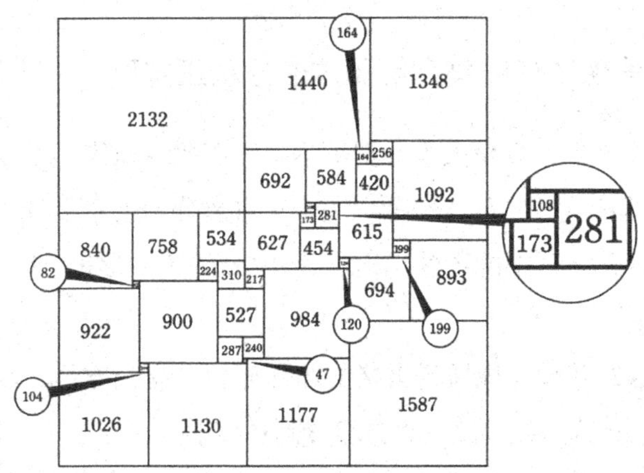

罗纳尔多·布鲁克斯、塞德里克·史密斯、亚瑟·斯通和威廉·泰托 4 人于 1903 年研究德恩的结果时，使用电力回路解决了问题，发现了这个划时代的解法。这个优秀的大学生 4 人小组，别出心裁地将电力这种“魔法”，引入了正方形当中。

借助这个“魔法”的威力，他们一下子解开了这个迄今为止让人几近绝望的“正方形之谜”。如第 38 页中的图所示，他们所发现的“纯粹完全正方形分割正方形”，边长为 5468 的正方形由 55 个小正方形填满。

至此，就只剩下“最小的”纯粹完全正方形分割正方形的问题了。

◆实现了重大突破的剑桥大学的4人小组

罗纳尔多·布鲁克斯

塞德里克·史密斯

亚瑟·斯通

威廉·泰托

他们使用电力回路的方法，发现了如第 39 页上图所示的“由 26 个正方形组成”的解。

1978 年，荷兰的德依·贝斯齐晋（1927—1998）发现了“由

21 个正方形组成”的解，并证明了这是最小的解。

◆由“4 人小组”提出的纯粹完全正方形分割正方形

（55 个，被分割的原始正方形边长为 5468）

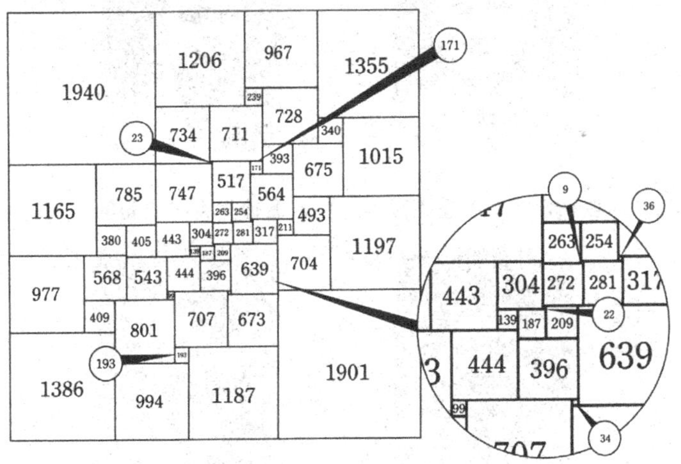

这样，1902 年提出的“正方形分割正方形”问题，在经过了 70 多年之后终于得以解开。

杜德尼曾在《坎特伯雷趣题集》该问题的最后部分的总结中写道：

“这是就连‘谜题’‘暗号’这样的词汇都不足以诠释的疑难问题，唯有称它为‘谜语’才最为适合。”

◆同样由“4人小组”提出的“复合”完全正方形分割正方形（26个，被分割的原始正方形边长为608）

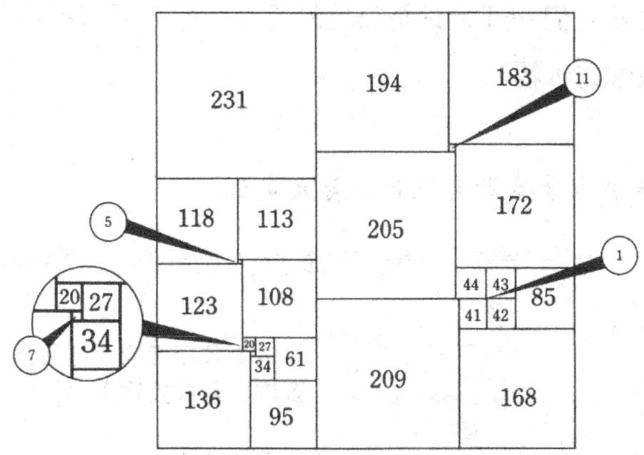

◆由德依·贝斯齐普提出的“最小”纯粹完全正方形分割正方形（21个，被分割的原始正方形边长为112）

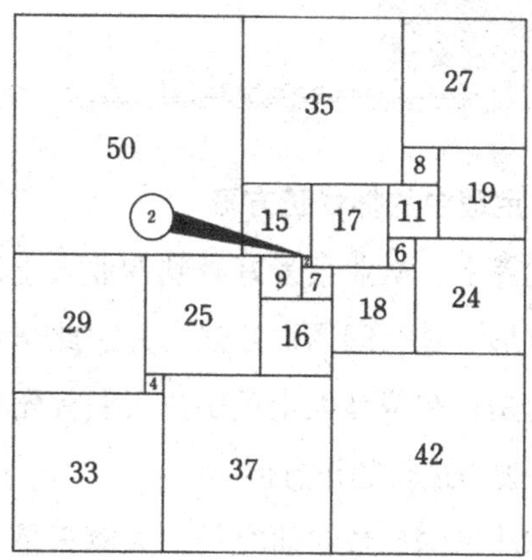

“谜语”这个词指的是困难、无法解答的谜题。正如杜德尼所说的，正方形分割正方形就是一个“谜语”。

“幻方”和“正方形分割正方形”为被正方形的魅力所吸引的人们留下了漂亮的正方形图案。

虽然它们一开始只是简单的游戏，却在不知不觉之中变成了数学的难题。

◆毕达哥拉斯定理和费马大定理

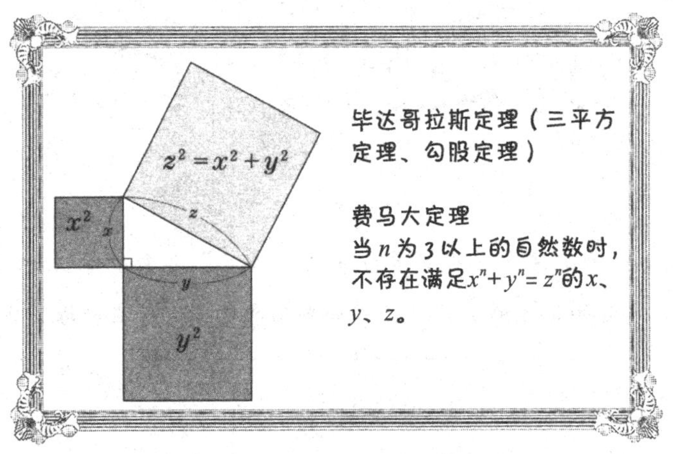

$z^2=x^2+y^2$
x^2
y^2
x
y
z
毕达哥拉斯定理（三平方定理、勾股定理）
费马大定理
当n为3以上的自然数时，不存在满足$x^n+y^n=z^n$的x、y、z。

隐藏在大定理中的神秘正方形

在这个世界上，从业余爱好者到专业人士，人们为“正方形分割正方形”这一问题而狂热，并由此孕育出了费马大定理。有趣的是，在费马大定理中，人们首先看到的都是以直角三角形各边为边长的正方形。

引领我们从事深层数学研究的，大概正是这“充满魔性的形状”——正方形吧。

“正方形分割幻方”

最后给大家介绍的是幻方中的超人。

在由德依·贝斯齐晋提出的“纯粹完全正方形分割正方形”中，使用了21个正方形填满了112×112的正方形，后来有人将这个图形与幻方结合了起来。

这个人是被称为另一个“Abe”的“超人”阿部乐方老师，他本来从事的是漆工艺工作。阿部认为分割正方形的21个正方形本身就是幻方，于是他制作了一个224×224=50176的全部由幻方组成的巨大幻方，这一幻方作为世界第一大的幻方被载入了吉尼斯世界纪录。只可惜它太大了，以至于不能在本书中进行介绍。

阿部老师至今共制作了数万个幻方，在此将介绍他为祝贺朋友结婚而赠送的幻方——“加入出生日期的邮票幻方（幸福的六角形）”。在这个幻方之中，共有日本和其他国家的12种邮票。沿着箭头的方向将各4张邮票的面额相加，每个箭头相加的结果都相等。这些邮票与幻方一起，为二人送上了美好的祝福……就连正在计算的我们，心里都变得暖暖的，真是一个棒极了的幻方。

最让人惊讶的是，阿部老师制作幻方所需要的仅仅是笔记本和铅笔，就连计算器都不太用。一想到有这样超凡脱俗的数学达人，就不禁为此感到高兴。

◆加入了出生日期的邮票幻方（幸福的六角形）

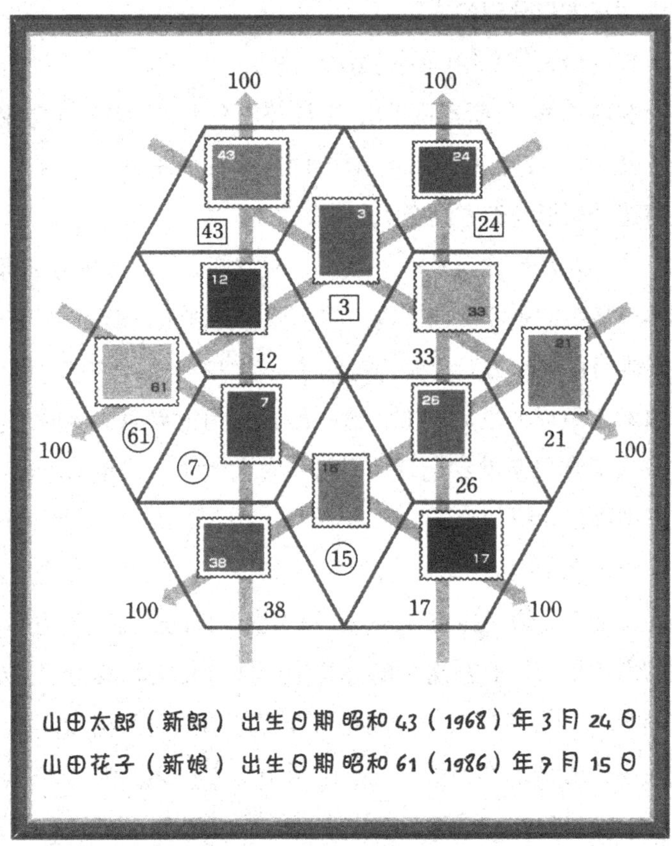

闰年的秘密

如果用数学来解读闰年的话……

提到每4年一度有2月29日的年份，正如你所想的，那就是闰年。

为什么闰年的存在是必要的呢？下面让我们试着用计算来说明这一问题吧。

一年大约是365天，准确来说的话是365.2422天。虽然只多了0.2422天，但确实比365天要长。一定有人会想“差这么一点没什么大不了的啦”。但是，如果我们用秒来表示0.2422天的话，一天为86400秒，而0.2422×86400秒=20926.08（秒）。

听到“约20000”这个庞大的数字后，相信你应该不会再无视它了吧。

如果每年都有约20000秒的误差的话，4年就有约80000秒了，准确来说的话是20926.08×4=83704.32（秒），这样就变成了很长的一段时间了呢。

这样，在到第4年的时候增加一天让这一年变成366天，是为了将误差缩小。

为什么我们要如此拘泥于误差呢？

那是因为地球围绕太阳公转的周期（时间）与日历上的

日期之间出现了误差。就像季节还是冬季，而日历上却显示夏季……这般混乱。

闰年并不是4年一度！

我们现在所使用的日历是格列高利历，也就是我们所说的太阳历，这是表示地球围绕太阳公转周期的历法。

◆从地球和太阳的关系中产生了“1年”的概念

准确的时间为365天20925.9747秒

一年为365.2422天也就是地球绕太阳旋转一周的准确时间（公转周期）。

实际上，仅通过“每逢4的倍数的年份为闰年”这一规则是无法消除时间的误差的。

于是就有了“年份为100的倍数，但又并非400的倍数的年份就不是闰年”这一规则。

“2000年问题”是闰年的问题？

大家还记得那个“2000年问题（千禧虫）”吗？这曾是1999年最重大的新闻。当时的计算机并不是按照公元的4位数而是采用了2位数的显示方式，导致了“公元2000年”被识别成“公元1900”的问题。

◆闰年判定程序

步骤1
年代并非“4的倍数”➡判定为**平年**
年代为“4的倍数”➡转到步骤2

步骤2
年代并非“100的倍数”➡判定为**闰年**
年代为“100的倍数”➡转到步骤3

步骤3
年代并非“400的倍数”➡判定为**平年**
年代为“400的倍数”➡判定为**闰年**

由此引发的停电、经济混乱、导弹误发射等各种各样的故障和问题，一时间引起了人们的关注。除了这个被人所熟知的原因之外，在“2000年问题”中还有一个程序上的失误。

那便是对于闰年的判定问题。

当遵循“年份为100的倍数，但又并非400的倍数的年份就不是闰年”这一规则时，程序的表示就如上方所示。

让我们来实际验证一番吧。

当年份为“2011”时，步骤 1 中判定“2011”并非“4 的倍数”，不是闰年。

当年份为“2012”时，步骤 1 中判定“2012”是“4 的倍数”，然后转入步骤 2 中。在步骤 2 中，“2012”并不是“100 的倍数”，因此 2012 年被判定为闰年。

那么，来看看年份为“2000”时究竟会怎样。步骤 1 之中判定为“4 的倍数”，转入步骤 2。步骤 2 中，“2000”为“100 的倍数”，转入步骤 3。步骤 3 中，“2000”为“400 的倍数”，因此判定 2000 年为闰年。

但是，当时并没有包含步骤 3 的闰年判定程序。这样的话，2000 年就会被判定为平年。这也是“2000 年问题”的表现之一。

也就是说，2000 年为闰年，2100 年、2200 年、2300 年均为平年，2400 年为闰年。

采用这个规则的历法究竟能有多准确呢？下面就通过计算来确认吧。

◆这真是太容易出错了！

不包含步骤 3 的闰年判定程序（有缺陷）

步骤 1	年代并非“4 的倍数”➡判定为**平年** 年代为“4 的倍数”➡转到 步骤 2
步骤 2	年代并非“100 的倍数”➡判定为**闰年** 年代为“100 的倍数”➡判定为**平年**

若将“4 的倍数的年份”全都判定为闰年的话，从公元元年到公元 400 年中，将会有 100 个闰年。

但由于有了此前的步骤 2、步骤 3，我们知道公元 100 年、公元 200 年、公元 300 年为平年，公元 400 年为闰年，共计有 97 个闰年。

接下来让我们来算算 400 年间的准确时间吧。

共有 97 个闰年（366 天），剩下 303 个是平年（365 天），因此“366 × 97+365 × 303=146097（天）”。

◆格列高利历具有令人吃惊的准确率！

规则 1 年份为“4 的倍数”，判定为**闰年**

规则 2 年份为“100 的倍数”且不为“400 的倍数”判定为**平年**；年份为“100 的倍数”且为“400 的倍数”判定为**闰年**

2000 年	2100 年	2200 年	2300 年	2400 年
闰年	平年	平年	平年	闰年

虽然是 4 的倍数，但是为平年！

3300 年中只有 1 天的误差！

如此一来，1 年的平均天数为“146097 ÷ 400=365.2425（天）”。每年中只有“365.2425 − 365.2422=0.0003（天）”的误差。

其次，这个误差为“0.0003 × 3300=0.99”。

这样的话，3300 年中几乎就只有 1 天的误差。

我们现在使用的名为“格列高利历”的历法，具有极高的准确率。

加 1 秒的“闰秒”

时间的基准说到底不过是在宇宙中运转着的太阳和地球的运动。而我们创造出了能够准确地表示它们的运行准则的日历。并且随着科学的进步，我们能够精确地测定出地球的自转。

闰秒便是从中产生的单位。

在现代，我们用精度为“3000 万年只有 1 秒”误差的原子时钟来测算地球的时间，而地球的自转并不是一成不变的，时而快时而慢，必须要修正原子时钟与地球的自转之间的误差。因此我们需要闰秒这个单位，在 24 小时中加 1 秒或者减 1 秒。

闰秒的追加是在 23 点 59 分 59 秒的 1 秒之后。也就是追加上一般来说并不存在的“23 点 59 分 60 秒”。

比平时多 1 秒的一天，想想总觉得有种不可思议的感觉呢。

仔细想来，用以计算时间的单位“秒”，起初是以“地球的自转时间（86400 秒）”作为基准确定下来的。

之后，由于地球自转具有不安定性，所以按“地球围绕太阳公转一周的时间（1 年 =31556925.9747 秒）”更改了判定基准。

为寻求更加准确的时间，我们甚至制造出了原子时钟。原子在放出（或是吸收）时放出的光谱（长波）是非常稳定的，因此就有了利用这一性质制造的原子时钟；甚至还有使用了铯原子的铯原子时钟，其具有非常高的精度，误差达到每 1 亿年 1 秒的程度。

多亏了原子时钟，我们现在能够极其准确地测算出地球的自转，并进行闰秒的追加。

“秒”始于地球的自转，现在又再度回归到了作为根源的地球自转上。今后我们还将在这个地球上，谨慎小心地守护和抚育“时间”的成长。

最后，相信在未来的某一天，一定能出现我们从未见识过的更加准确的新“时间”。

亿为什么叫作“亿”？

数词从何而来？

问题：亿为什么要叫作“亿”？

一、十、百、千、万、亿、兆、京……

对于我们来说，这些数字词头都能不假思索地说出来，但究竟为什么要用这些词来表达数字呢？

曾经有人说过，如果我们追溯数词的由来，就能了解数字在各个时代是怎样使用的。

在很久以前，在那个数字也还只有 1 和 2 的时代，在日本要表达 2 以上的多数的话要用“3（日语读作 sang）”，即 1、2、泽山（日语读作 ta ku sang，意为很多），日语中的“3”与“山”发音相同，3 就有了“很多”的意思。“三つ（意思是 3 个）”与“満つ（读作 mitu，意为充满）”发音相似，意思也是相通的。

在现代的“亿”和“兆”这样巨大的词头普及之前，人们生活中使用的只有很小的数字。

3 之外还有 4、8、百、千、万。

这些数字全都曾作为表示“全部”的词汇，一直保留至今。

“四海”形容全世界，“四方”则形容能抵达的最远处。

三头六臂表示无论在哪一方面都能做得很出色，八面玲珑表示无论从哪个方面都能面面俱到，八方美人表示无论从哪个方面看都很漂亮，八纮一宇则有全世界如同一家之意，八百八町指的是江户市区的所有街道。

除此之外还有百科全书、百事全知、百货商店等词。

千里眼、千客万来（形容客人接踵而至）、千言万语、千变万化、千思万想，以及万叶集、万年笔（钢笔）等，这样的例子可谓数不胜数。

好啦，接下来让我们再来猜个谜吧。

问题：八百八町 = 八十八千米，这究竟是为何？

所谓八百八町，在江户时代是一个形容“街道众多”的词汇。“町”是日本在加入“米制公约”前所使用的长度单位。

“一町≈ 109.09 米”，而“八百八町 =808 町≈ 808 × 109.09 米≈ 88 144.72 米≈ 88 千米”。

明治时代的“Meter”是用“米”这个汉字来表示的。除此之外，“Kilometer”的“千米”则是用“粁”这个汉字来表示的。

中国古典文献中曾记载过的单位

好啦，正如第 125 页中的“从大地中诞生的单位”中所介绍的那样，有“一、十、百、千、万、亿、兆、京、垓、秭、穰、沟、涧、正、载、极、恒河沙、阿僧只、那由他、不可思议、无量大数”这样的词头。

◆这些单位用汉字表示为

毫米（mm）➡	（1 毫米 =1/1000 米）
厘米（cm）➡	（1 厘米 =1/100 米）
分米（dm）➡	（1 分米 =1/10 米）
十米（dam）➡	（1 十米 =10 米）
百米（hm）➡	（1 百米 =100 米）
千米（km）➡	（1 千米 =1000 米）

请注意“载”这一词头。意指“每 1000 年都难得遇到一次的机会”的成语“千载难逢”，其中的“载”居然是表示“10 的 44 次方”的数字词头。在中国的《孙子算经》中，“载”是最大的数字词头。

数字变得太大，“就连大地都无法承载”——如这般大小的数字就是“载”。

“数字的极限（没有再大于此的数字）”被称作“极”。

“恒河沙”指的是恒河也就是“冈底斯河”之中的“沙（砂）”的数量。

而“阿僧祇”“那由他”“不可思议”以及其后的“无量大数”中的“无量”，都出自佛经《华严经》。

◆《华严经》中出现的数字词头

0	$10^{7\times 2^{0}}=10^{7}$	据胝
1	$10^{(7\times 2)}=10^{14}$	阿庾多
2	$10^{(7\times 2^{2})}=10^{28}$	那由他
n	$10^{(7\times 2^{n})}$	
103	$10^{(7\times 2^{103})}=10^{70988433612780846483815379501056}$	阿僧只
105	$10^{(7\times 2^{105})}=10^{283953734451123385935261518004224}$	无量大数
111	$10^{(7\times 2^{111})}=10^{18173039004871896699856737152270336}$	不可数
115	$10^{(7\times 2^{115})}=10^{290768624077950347197707794436325376}$	不可思
117	$10^{(7\times 2^{117})}=10^{1163074496311801388790831177745301504}$	不可量
119	$10^{(7\times 2^{119})}=10^{4652297985247205555163324710981206016}$	不可说
121	$10^{(7\times 2^{121})}=10^{18609191940988822220653298843924824064}$	不可说不可说
122	$10^{(7\times 2^{122})}=10^{37218383881977644441306597687849648128}$	不可说不可说转

《华严经》之中还有代表着 10^7 的俱胝，1 俱胝 ×1 俱胝 =1 阿庾多（10^{14}），1 阿庾多 ×1 阿庾多 =1 那由他（10^{28}），从中出现了许多新的词头。

其中的指数部分，也就是数字中跟在“1”之后的“0”的个数是按指数函数增长的。可以看出，在《华严经》中，与“不可说不可说”相比起来，“无量大数”要小得多。

“沟”“涧”的偏旁是“氵”，因此被用于表示“水量”；“秄”和“穰”两个字与谷物有关，因此用于表示“颗粒数”；有的学者认为，“兆”“京”“垓”很可能是用来表示都市中人口数量的词头。

下面让我们来看一看小一点的词头吧。请看下页中的表格。

这些几乎全是佛教的经典当中出现的词语。15 世纪中国的《算法统宗》中甚至还规定了最小的数字词头为“尘”，比“尘”还小的词头被认为是“有名而无实”的：“虽然是作为词头而存在的，但是并没有机会使用到。”

但是，随着现代科技的进步，我们进入到了“n（纳诺、毫微）”也就是“尘”的时代，在最尖端的领域当中甚至远远超越了“埃”“渺”“漠”，进入了“Micro（微观）”的世界。

◆用汉字表示的小词头

一	1			
分	0.1	1个0		
厘	0.01	2个0		
毛	0.001	3个0	m(毫)	意为突然
系	0.0001	4个0		
忽	0.00001	5个0		
微	0.000001	6个0	μ(微)	意为微弱、细微
织	0.0000001	7个0		
沙	0.00000001	8个0		意为砂
尘	0.000000001	9个0	n(毫微)	意为尘埃
埃	0.0000000001	10个0		意为灰尘
渺	0.00000000001	11个0		意为朦胧
漠	0.000000000001	12个0		意为不清楚
模糊	0.0000000000001	13个0		意为模糊暧昧
逡巡	0.00000000000001	14个0		意为磨蹭
须臾	0.000000000000001	15个0		意为短时间
瞬息	0.0000000000000001	16个0		意为转瞬即逝，仅在一息间
弹指	0.00000000000000001	17个0		意为非常短的时间
刹那	0.000000000000000001	18个0	a(毫尘、阿托)	意为时间的最小单位，瞬间
六德	0.0000000000000000001	19个0		意为人应当遵守的6种道德
虚空	0.00000000000000000001	20个0		意为所有事物所存在的空间
清净	0.000000000000000000001	21个0	z(zepto，仄)	意指心灵清澈

想象力是我们人类最大的武器。

对于那些过于巨大的数或是过于微小的数，人类直到那些“无法驾驭之数”近在眼前时才开始思考“数字本身”的问题。古代印度和古代中国的人们最初就没有局限于数字，而是将数作为了研究对象。

最后，公布开头提出的问题的答案。

问题：亿为什么叫作“亿”？

【答案】“亿”=“人”+“意”=“人”+“音（闭口不言）”+“心”

也就是说，“亿”指的是“这个数字就像表面上沉默不语，心中却有着无数思绪般那么巨大”。

幸运的概率为四六开！

人生真正的概率

常常有人说“人生就是好坏参半”。

从人生的经历来看的话，好事和坏事的比例是各占一半。真的是这样的吗？仔细思考一番，就会发现各不相同的人生会给你各不相同的答案。

下面，通过对某个数学问题的思考，我们将揭示人生真正的概率并不是那样的。那是一个“相遇问题”。

这个问题是在 1780 年由法国的皮埃尔·孟默尔（1678—1719）提出的。

有甲乙两人，他们手上各拿着 13 张从 A 到 K 的扑克牌，两人一边一张一张地出牌，一边进行“牌面组合”。

如果出到相同数字的牌的话，就算作“相遇”。

这样的话，到 13 张都出完的时候，“一次相遇都没有发生的概率”是多少呢？

若将扑克牌的张数设为 n，其概率又会是多少呢？

欧拉的解答

大约在 1740 年，瑞士数学家莱昂哈德·欧拉（1707—

1783）成功地解答了这个问题。

他得出了约有37%的概率会出现“一次相遇都没有发生”的结果。

这是按照甲的牌“A”对应乙的“A”以外的牌，甲的“2”对应乙的“2”以外的牌，然后计算出分别对应的顺序的数字。

例如出3张牌的情况，与甲的（A，2，3）相对的，乙出（2，3，A）或（3，A，2）都不算作“相遇”。

这也就是说，乙的3张牌的排列方式全部共有6种，一次“相遇”都不出现的概率为“$\frac{2}{6}=\frac{1}{3}$”，也就是33%左右。

这样13张牌的情况下概率就是37%，即使增加到130张，其概率也依然是37%。

与一次都不发生“相遇”的情况相对的，是“至少出现一次相遇”的情况。在“至少出现一次相遇”的条件中，包含了只有1次“相遇”乃至13次都发生了“相遇”的情况。其概率为“1 — 0.37=0.63”，也就是约63%。

男女的相遇概率是多少？

究竟是什么使这个概率能与人生挂钩呢？

这无非就是一个“人与人的相会”的问题。

所谓人生就是某种相遇的持续。重要的是，其中还包含了与生命之中另一半的相遇。下面让我们试着将“相遇问题”套用到其中吧。

在我们与陌生的异性相遇时，心里都会默默判断可不可以和这个人交往。

这个过程中我们会考虑几个关键的要素。

例如：一、身高；二、年收入；三、相貌；四、兴趣爱好；五、食物的喜好，等等。

而到了考虑结婚的事情的时候，还会出现更多的要素。我们可以认为，在确定了这些关键要素之后，如果不是完全符合要素的对象，我们是不会与其交往的。又或者说，至少得满足其中一点，我们才会考虑与其交往。

因此，欧拉的结论适用于以下情况。

在相遇的人当中，与“要求的要素完全不相符的人”相遇的概率约为 37%。

与“至少有一项要素符合要求的人”相遇的概率约为 63%。

最重要的是“即使有再多的要素，其概率也几乎是保持不变的”这一点。

这便意味着，若与 10 名异性相亲，其中适合交往的约有 6 个人，无论你的要素多么苛刻，也无论你判断的要素有多少……

怎么样？是不是有了什么启发呢？笔者在选择电器商品的时候，总会找一堆商品目录，然后从中选择与自己的要素最符合的。可是怎么选都选不完，最后总是选了一开始觉得不错的商品。花了大把的时间却不知道该选什么，实在让人沮丧。

相对地，女性的购物方式有时会让男性觉得那不过是一种冲动购买的行为，“唰”地一下子看上立刻就买下了。然而她们购买之后却很少出现后悔的情况。

我们不禁想问，女性为什么能那么痛快地做出决定呢？在看了欧拉的计算结果后，我从中受到了一个很大的启发。

女性在选择商品时，并不需要考虑太多的要素。对于无论如何也不能让步的要素，一般可以凭借着经验进行判断。因此，就算是要素共有 3 个，商品完全不符合要素的概率大约有 33%，即使要素增加，其概率也只不过会变成 37%。

人生是由幸运和相遇构成的

不仅仅是男女的相遇和购物，我们对于出现在眼前的事物也在进行着选择。如果约 63% 的概率也能适用其中的话，我们就可以认为“我们的人生并不会被上天抛弃”。

不管是谁，上天都赋予了他“半数以上”的美妙邂逅。这大概就是所谓的上天赐予的恩惠吧。

顺带一提，这个概率即使是神也是不能干涉的。

欧拉通过计算得出了答案，如果一次相遇也不会发生的概率 n 趋于无限大的话，可以求出“$\frac{1}{e}=\frac{1}{2.718\cdots}\approx 37\%$”。

这个“纳皮尔常数 e（=2.718…）”正是由欧拉发现的，因此才会以欧拉名字（Euler）的首字母“e”命名。

纳皮尔常数 e 是能够清楚说明微积分的重要常数，至少得有一个要素符合的概率是“$1-\frac{1}{e}=1-0.367\cdots\approx 63\%$”，这非常贴近我们的生活。

人生就是好坏参半的说法到此为止了。

幸运的概率约为 63%。

如果以后能按“人生是四六开”的理念生活下去的话，想必也会很不错吧。

你知道“+（加号）”的由来吗？

为什么要用符号“+”？

对于我们来说再熟悉不过的“+”“-”“×”“÷”，它们作为理所当然的符号被使用着，也就是所谓的“四则运算”的符号。而话说回来，为什么用的是“+”这样的符号呢？

接下来便为您介绍其中的原因。

“+”的故事

“+”是在1489年由德国数学家约翰内斯·维德曼（1460—1498）在书中首度使用的。

但是，在那本书当中“+”是按“超过”的意思来使用的，并不是一个运算符号。

加法用拉丁语中的“et（英语的and）”来表示，“3加5”表示为“3 et 5”。

有些人认为，“+”这个符号本身是将“et”的书写体拆开后变成了“t”，然后又演变成了“+”。

“+”首次作为加法的运算符号的登场是在1514年，出现在荷兰数学家荷伊克的数学书中。

“—”的故事

与“+”一样，“-”的首次亮相也是在维德曼的书中，“-”意为“不足”。而减法使用的是拉丁语中的“de”，“5 de 3”就是“从5之中取走3”的意思。“de”为“demptus（取走）”一词的头两个字母。

那么，符号“-”究竟是从何而来的呢？

本来在西欧地区使用的是“plus（加）”和“minus（减）”的首字母“$\widetilde{p}$”和“$\widetilde{m}$”，书写方式类似于“4~3”或者“5~2”。

因此有的学者认为，“—”是“$\widetilde{m}$”中“~”的变形。与“+”一样，在1514年由荷兰数学家荷伊克所著的书中，“—”首次作为运算符号登场。

“×”的故事

1631年，英国数学家威廉·奥特雷德（1574—1660）在著名的数学教科书《数学之匙》中首次使用了“×”。接下来让我们一起去探寻威廉·奥特雷德创造出“×”之前的轨迹吧。

◆"×"的语源是交叉相乘？

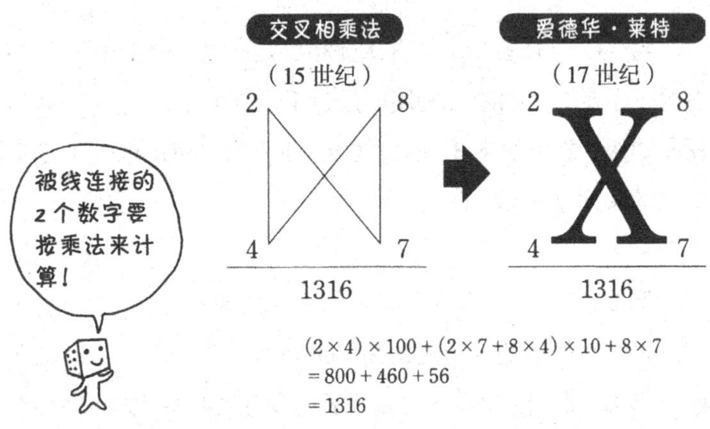

大约在1600年，英国数学家爱德华·莱特（1561—1615）使用了字母表中的"X"，这被认为是中世纪的"交叉相乘法"中所使用的线的原型。

爱德华·莱特还将纳皮尔的对数书（拉丁语）翻译成了英文。

时间到了16世纪，德国数学家皮特·阿皮亚努斯（1495—1552）在他的著作里介绍了分数计算的图表，其中提出了"由直线连接的两个数字的乘法"的规则。如第66页中的图表所示，对于不同的运算，分数需使用不同计算方法，很容易记忆。

在字母的乘法运算中是不用加入运算符号的。例如在同一种文字的乘法运算中，"$x \times y$"是写作"xy"的。

另外，数字之间乘法运算的符号，与“×”相比，一般优先使用的是“·”，这在15世纪初在意大利被普遍使用。

“3·5”即“3×5”。

由于“数字·数字”的使用并没有不便的地方，因此也没有发明新的运算符号的必要。

后来又将“·”作为乘法运算符号，逗号“，”作为小数点的记号区分开来。

那么，为什么后来又发明出了“×”呢？其中的关键在于分数当中。

有趣的是，在分数的四则运算当中，“加法（＋）”“减法（－）”“除法（÷）”的运算都需要用到“乘法（×）”运算的交叉相乘，只有分数的“乘法（×）”不需要用到交叉相乘。

这样想来，乘法符号“×”也许是源于分数的四则运算中“交叉相乘的交叉十字”。

◆从分数的四则运算中诞生了乘法？

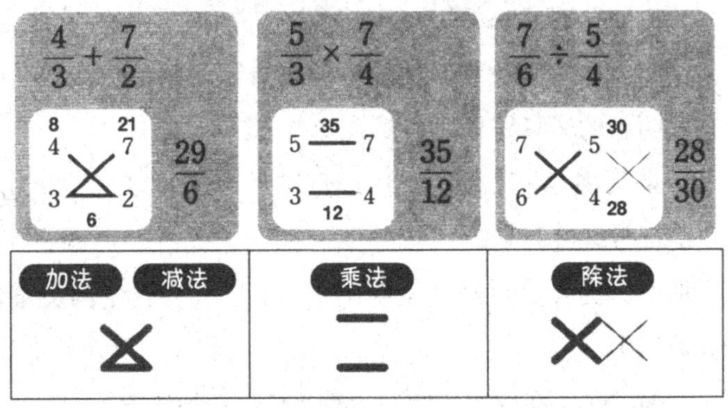

奥特雷德在经历过了这些事之后，将“×”号作为了乘法的符号。

但是，因为“×”容易与字母“X”混淆，它并未普及使用。

即使到了现在，乘法运算中仍然在使用“×”和“·”这两种运算符号，再加上用文字表示的时候不使用符号，一共有3种使用方式。

“÷”的故事

“÷”的起源并不明确。德国数学家亚当·里斯（1492—1559）在1522年出版的著作中，还有瑞士数学家J.H.雷恩（1622—1676）在1659年出版的著作中都使用了“÷”。

多亏了英国数学家约翰·瓦里斯（1616—1703）还有艾

萨克·牛顿（1642—1727）等在17世纪到18世纪使用了“÷”，才使得“÷”在英国得到了普及。

另外，德国数学家戈特弗里德·莱布尼茨（1646—1716）首次使用了“:”作为除法的符号，之后“:”开始普及。莱布尼茨的使用方法为，乘法为一个点“·”，所以除法就用两个点“:”表示，例如“6 : 2=3”这样。

如此一来，英国首次使用了“×”和“÷”，而在以德国为首的一些国家，“·”和“:”成为了主流。为什么这些符号未能统一呢?

究其原因，是英国的牛顿和德国的莱布尼茨所展开的“微积分大论战”。虽然二人从不同的角度发现了微积分，可是在这两位伟人之间爆发了一场让众多支持者都卷入的大论战。

结果是，同为数学家的二人之间的关系恶化，最终使得这些符号未能统一。本来这一段想要讲述的就只是些和符号有关的故事，但不知不觉间，却又把话题扯到了人情世故上去了。

而在与这场大论战没有任何关系的日本，“÷”和“:”两种符号都被人们使用。但是在日本是没有“6 : 2=3”这样的表述方式的。“:”表示的是“比”，读作“a 比 b”。此外，“6 : 2=3 : 1”以及“6 ÷ 2=3 ÷ 1”是区别使用的。

第二部分

让人忍不住想要读下去的数学

迷人的数学画廊

算式化身为图像

说起初中和高中的数学，相信许多人都还记得那些做过的绘制函数图像的练习吧。

在教科书中出现的函数图像，无论哪一个都很容易让人进入误区呢。但是，如果是接下来介绍的这些图像的话会如何呢?

最新的算式处理系统不仅具备了便利的界面，其输出的2D和3D图像也是造型流畅、色彩鲜艳。其中也包括了我喜欢的一款叫作“图形计算器”的数学软件。

虽然图像不是彩色的这一点令人比较遗憾，但即使只是单纯地看着图像也一定能让你目不转睛。

总体来说，如果是连同图像的设计图一起看的话，也能让你在发出“居然能描绘出这么美丽的图形”的惊叹的同时，将它看作完美的存在。

◆数学画廊①

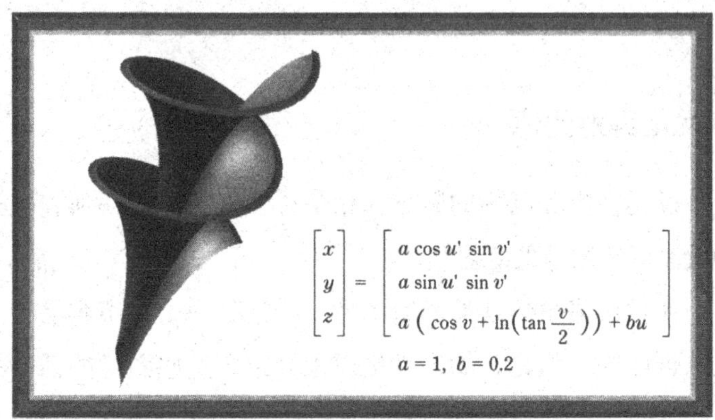

$\begin{bmatrix} x \\ y \\ z \end{bmatrix} = \begin{bmatrix} a\cos u'\ \sin v' \\ a\sin u'\ \sin v' \\ a\left(\cos v + \ln\left(\tan\frac{v}{2}\right)\right) + bu \end{bmatrix}$
$a = 1,\ b = 0.2$

迪尼曲面

欢迎来到数学的画廊

请看“数学画廊①”。这是被称为“迪尼曲面”的曲面。虽然下面会连续出现一些你可能看不惯的词汇，但这里还是要对这个曲面的特征进行解释说明。迪尼曲面是能够引出“多层伪球形”的曲面。所谓“伪球（pseudo-sphere）”指的是“仿冒（pseudo）”的“球（sphere）”。

那它究竟哪里和球形相似呢？球形是能按圆形旋转的曲面，而伪球则是按牵引线这条曲线旋转的曲面。

◆**数学画廊②**

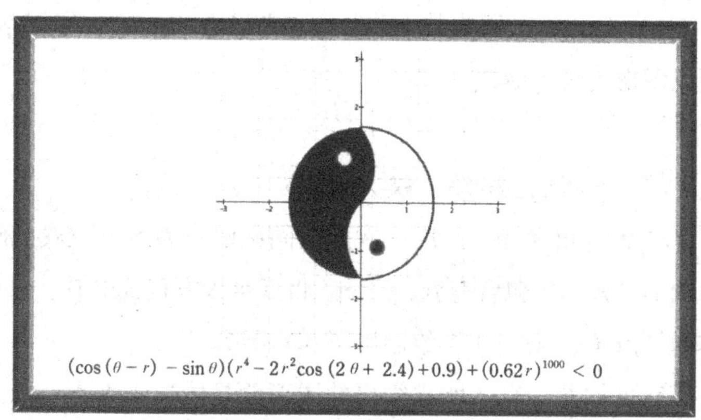

$(\cos(\theta-r)-\sin\theta)(r^4-2r^2\cos(2\theta+2.4)+0.9)+(0.62r)^{1000}<0$

道教的太极图

牵引线也被称为追迹线、犬追线、犬曲线等。例如，我们将狗拴在一条长度一定的绳子上，当我们拉紧绳子时狗走过的足迹就是牵引线。因为举例中出现了狗，所以此线被称为犬追线或是犬曲线等。

接下来的“数学画廊②”展出的是用不等式表示的道教的太极图。仔细观察算式的话，会发现没有使用常见的 x、y 坐标，而是使用了 r 和 θ。

这种表现形式称作“极坐标”，虽说表示的是点的位置，却是用点与原点的距离 r 和从原点到点的延长线与 x 轴所形成的角 θ 来表示的。

图形被分为了左右两大部分，算式为（$\cos(\theta-r)-$

$\sin\theta)+(0.62r)^{1000}$。其中的小圆的算式表示为$(r^4-2r^2\cos(2\theta+2.4)+0.9)$。因为其中包含有三角函数“$\sin\theta$”“$\cos\theta$”，所以图形表现为曲线。

接下来将继续介绍“数学画廊③～⑦”。

“数学画廊③”是用三次元空间中的点表示方程式的解的图形。算式中包含有 $[x、y、z]$，将满足该方程式的 $[x、y、z]$ 作为“点（x、y、z）”绘制出了 3D 图形。

话虽如此，算式所描绘出的图形总是能让人大吃一惊。移动鼠标的话还可以将图形扩大、旋转等，操作起来十分自由。笔者也很喜欢这个图形。

若试着将算式左边的 3 个“π”替换为“2，3，4，5，…”的话，还能巧妙地改变曲面的造型。

“数学画廊④”是被称为恩内佩尔曲面的“极小曲面”的图形。

极小曲面指的是在某些特定的条件下面积最小的曲面。

圈在封闭的铁丝圈中的肥皂膜就是“极小曲面”的例子。可以看出，肥皂膜中所蕴含的数学理论远远超出我们的想象。例如“欧拉·拉格朗日方程式”“极小曲面的微分方程式”等就是最好的例子。

德国数学家卡尔·魏尔斯特拉斯（1815—1895）对“极小曲面”的表示方法进行了研究。其中一种表示方法被称为

“恩内佩尔·魏尔斯特拉斯的参数表示”，其结果表述为“数学画廊④”中的算式。

“数学画廊⑤”是三角函数组合描绘出的图像。算式中的 n 控制旋涡贝壳图形的回转数，a 控制旋涡贝壳图形圆圈的大小，b 控制旋涡贝壳的高度，c 控制旋涡贝壳内部形成的圆柱的大小。

“数学画廊⑥”是由美国数学家本华·曼德博（1924—2010）提出的“曼德博集合”。平面为复质数平面（复数平面）。“曼德博集合”是有名的分形图形。所谓“分形图形”，指的是把图形中的部分全部分成相似的图形（自我相似）。

◆数学画廊④

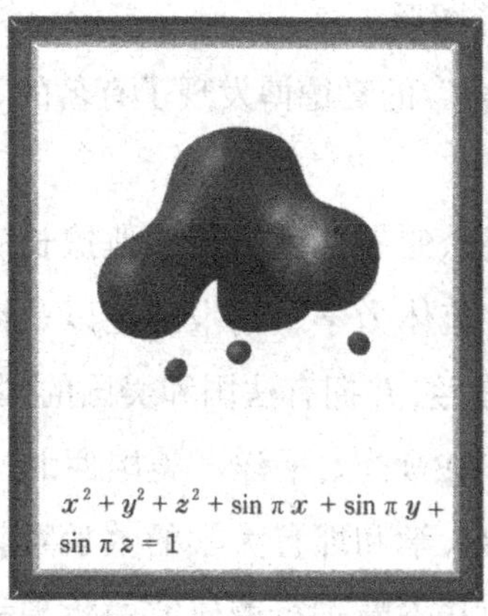

用三次元空间中的点表示方程式的解

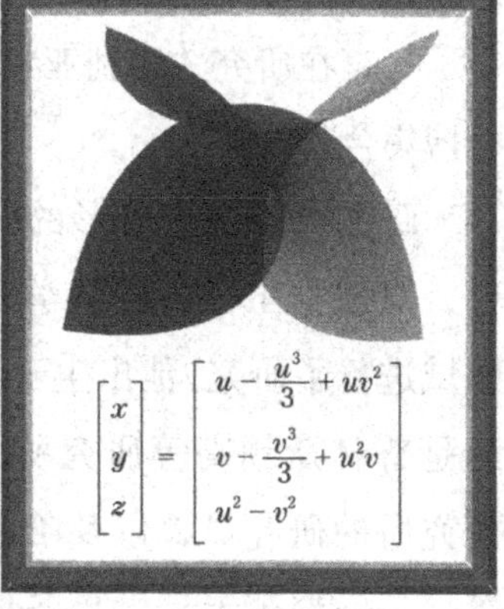

$\begin{bmatrix}x\\y\\z\end{bmatrix}=\begin{bmatrix}u-\frac{u^3}{3}+uv^2\\v-\frac{v^3}{3}+u^2v\\u^2-v^2\end{bmatrix}$

恩内佩尔曲面

◆数学画廊⑤

◆数学画廊⑥

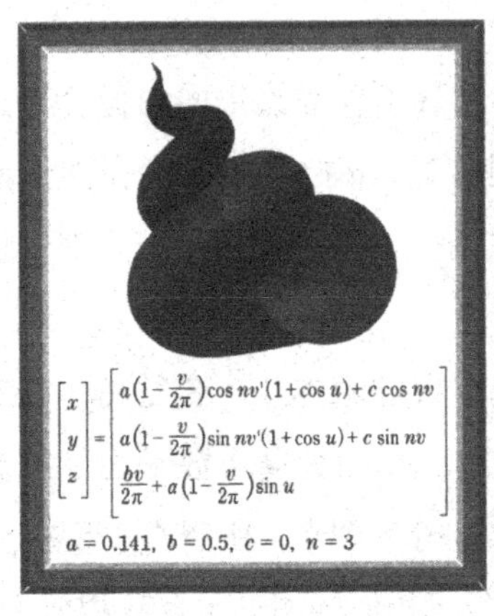

$\begin{bmatrix}x\\y\\z\end{bmatrix}=\begin{bmatrix}a\left(1-\frac{v}{2\pi}\right)\cos nv'(1+\cos u)+c\cos nv\\a\left(1-\frac{v}{2\pi}\right)\sin nv'(1+\cos u)+c\sin nv\\\frac{bv}{2\pi}+a\left(1-\frac{v}{2\pi}\right)\sin u\end{bmatrix}$
$a=0.141,\ b=0.5,\ c=0,\ n=3$

三角函数的组合

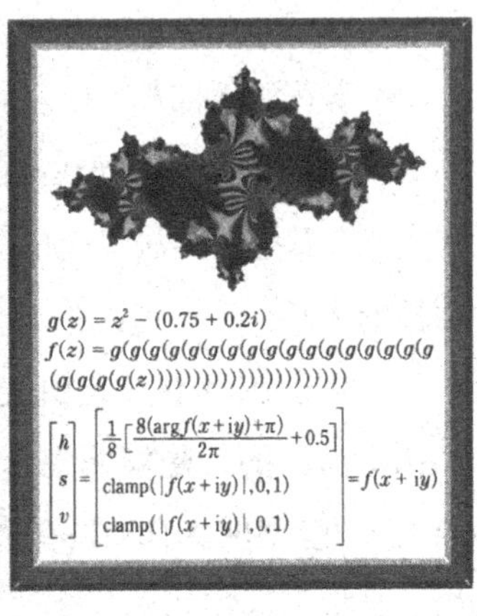

$g(z)=z^2-(0.75+0.2i)$
$f(z)=g(g(g(g(g(g(g(g(g(g(g(g(g(g(g(g(g(g(g(z)))))))))))))))))))$
$\begin{bmatrix}h\\s\\v\end{bmatrix}=\begin{bmatrix}\frac{1}{8}\left[\frac{8(\arg f(x+iy)+\pi)}{2\pi}+0.5\right]\\\mathrm{clamp}(|f(x+iy)|,0,1)\\\mathrm{clamp}(|f(x+iy)|,0,1)\end{bmatrix}=f(x+iy)$

曼德博集合

海岸线以及树木的形状，即使放大之后依然是由同样复杂的图形构成的，这就是分形图形。

一直在研究“朱利亚集合”的曼德博发现了有名的“曼德博集合”。

研究出了这个分形的概念的曼德博活用了他擅长的数学，对航空工学、经济学、流体力学、情报理论以及诸多领域进行了研究。他出生于波兰，并拥有法国和美国的国籍，还是普林斯顿高等研究所、IBM、太平洋·美国西北国立研究所的研究员，以及哈佛大学和耶鲁大学的数学系教授等，是一位奔走于世界各地并不断进行着研究的数理科学巨人。

算式画廊的推荐

除以上内容之外，还存在许多与下面将介绍的不可思议的图形类似的图形。

在没有计算机的时代里研究出的算式在 20 世纪的巨大发明——计算机的帮助下，摇身一变成为了漂亮的图形。

如果 19 世纪以前的数学家们能透过液晶显示屏，从那个时代看到自己所研究出来的算式的优美姿态的话，一定会发出一阵惊讶的感叹吧。

◆数学画廊⑦ 数不胜数的不可思议的图形

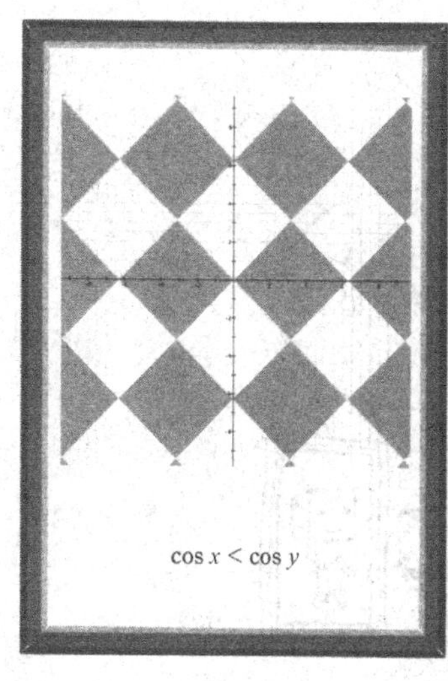

$\cos x < \cos y$

$r = 3\sin n\varphi \cdot \sin 2\theta - 1r$
$n = 3$

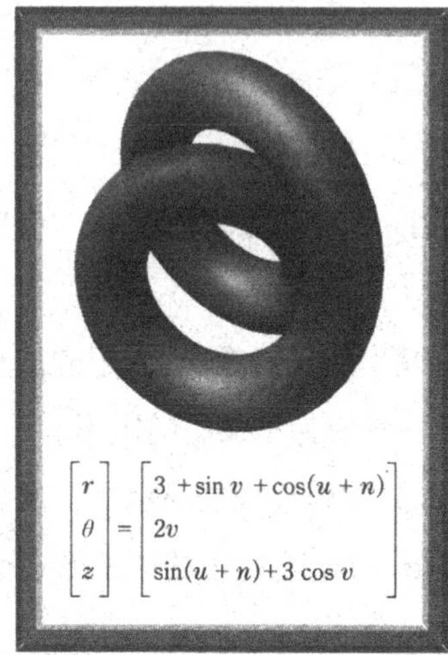

$\begin{bmatrix} r \\ \theta \\ z \end{bmatrix} = \begin{bmatrix} 3 + \sin v + \cos(u+n) \\ 2v \\ \sin(u+n) + 3\cos v \end{bmatrix}$

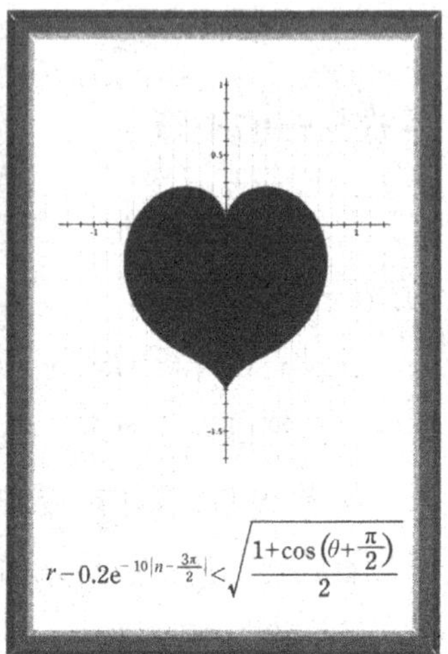

赶快在自己手边的计算机上安装数学软件，试着描绘出算式的图形吧。相信你一定会被这些美丽而又奇妙的图形所吸引。

小行星探测器“隼鸟号”与质数的冒险

与“隼鸟号”相匹敌的大冒险

时间是2012年6月13日。

小行星探测器“隼鸟号”在结束了长达60亿千米的旅程之后回到了地球。克服了无数的困难，最后冲入大气圈的“隼鸟号”的样子，让众人为之感动。

“隼鸟号”经历了一场极富戏剧性的冒险。

与此同时，鲜有人知的是，围绕着数学世界中的费马数展开的冒险，也同“隼鸟号”一样谱写出了一个辉煌的篇章。

在介绍它的旅程之前，请先看下面这组数字。

◆费马数

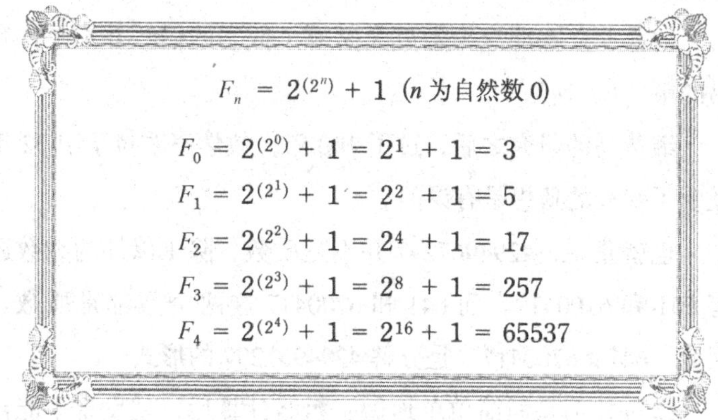

$F_n = 2^{(2^n)} + 1$ （n 为自然数 0）

$F_0 = 2^{(2^0)} + 1 = 2^1 + 1 = 3$

$F_1 = 2^{(2^1)} + 1 = 2^2 + 1 = 5$

$F_2 = 2^{(2^2)} + 1 = 2^4 + 1 = 17$

$F_3 = 2^{(2^3)} + 1 = 2^8 + 1 = 257$

$F_4 = 2^{(2^4)} + 1 = 2^{16} + 1 = 65537$

揭开这组数字真面目的是瑞士数学家莱昂哈德·欧拉（1707—1783）。

17 世纪，法国数学家皮埃尔·德·费马（1601—1665）发现了表现为 $2^{2^n}+1$ 的数字的有趣性质。

这些数字被称作表现为 $F_n=2^{2^n}+1$ 的费马数。

◆费马的猜想

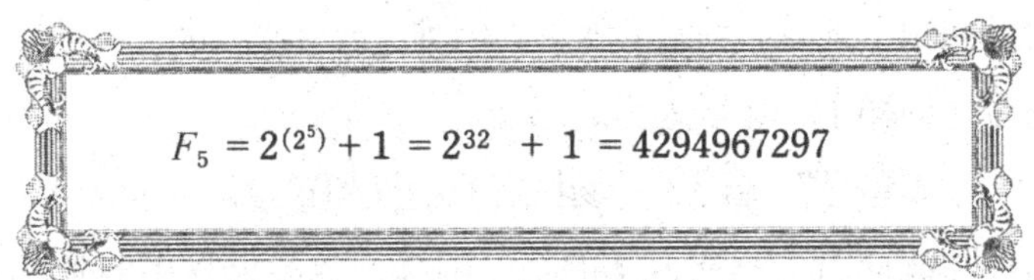

$$F_5 = 2^{(2^5)} + 1 = 2^{32} + 1 = 4294967297$$

从 F_0 到 F_4 全都是质数。所谓“质数”，是指像 2、3、5、7 这样的，除了 1 和自己本身以外没有其他的约数（能将它整除的整数）。此外，如上图中所示，费马提出了“$F_5 = 4294967297$”，即质数的猜想。

但是，要探明这个数究竟是哪个数字的倍数并不是件容易的事。

继费马的研究之后，过了 100 年，数学家欧拉于 1732 年证明了费马的猜想是有误的。

也就是说，4294967297 并不是质数，除 1 以外的约数还有 641 和 6700417。而 641 和 6700417 这两个数都是质数。因此“641 × 6700417”是分解 4294967297 的形式。

欧拉并不是简简单单地做了粗略计算后，就发现了能被 641 整除 4294967297 的，其中还存在计算的策略。

◆**费马数 4294967297 并不是质数！**

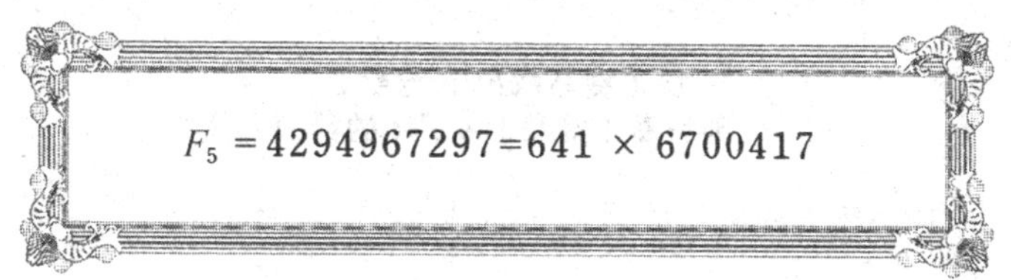

$$F_5 = 4294967297 = 641 \times 6700417$$

欧拉想，如果费马数是合数（即像 6=2×3 那样，是一个质数的积）的话，会有哪些约数呢？

实际上，假设第 n 个费马数是合数的话，“（整数）$\times 2^n+1$”就是它的约数。

因此当 $n=5$ 时，（整数）$\times 2^5+1=$（整数）×32+1。之后只需把“1，2，3，…”代入“（整数）”中，然后试着用求得的值除“4294967297”即可。

最后，在“（整数）”为20时求得了641，4294967297÷641=6700417，能够整除。

这样就计算出了费马猜想的反例。

◆欧拉所提出的对费马猜想的计算策略

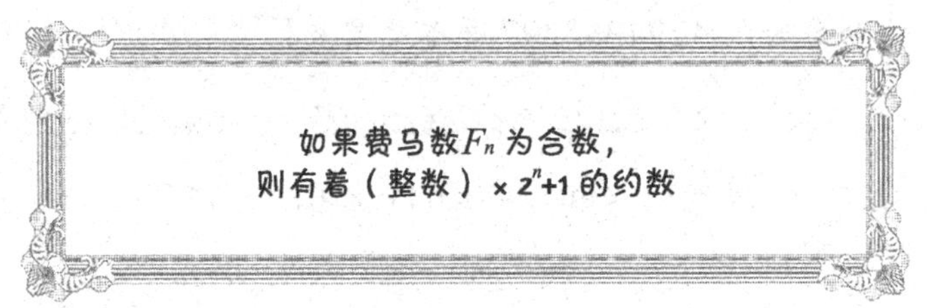

如果费马数F_n为合数，
则有着（整数）× 2^n+1的约数

80高龄的数学家的重大发现

接下来出现的费马数 F_6，是在欧拉之后经过了大约 150 年的 1880 年，由福琼·兰德里（1798—？）做了“质因数分解”得出的。令人惊叹的是，兰德里是在 80 多岁时完成计算的。

那之后对费马数的计算必须得等到计算机问世之后才能进行。

而到了现代，质因数分解完全明确的费马数到了第 11 号 F_{11}。可见质因数分解是十分困难的。如此一来，可想而知，即使是在这一瞬间，我们依然在进行着费马数的研究。

小行星探测器“隼鸟号”成功探查了位于约 3 亿千米之外的小行星“系川”，正如同“隼鸟号”困难的冒险一样，对隐藏在庞大数字中的质因数的探寻也是一项艰难的事业。顺带一提，“隼鸟号”的轨道计算中使用了 15 位的圆周率。那是在考虑到宇宙空间中的轨道误差之后才决定使用的。

◆兰德里的重大发现

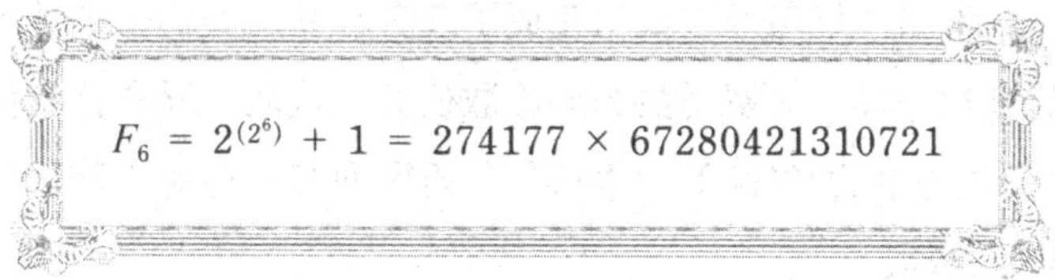

$$F_6 = 2^{(2^6)} + 1 = 274177 \times 67280421310721$$

◆用计算机计算出的费马数

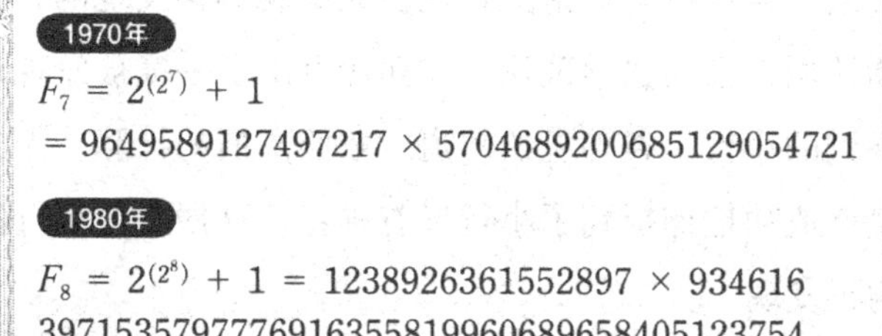

1970年

$$F_7 = 2^{(2^7)} + 1$$
$$= 9649589127497217 \times 5704689200685129054721$$

1980年

$$F_8 = 2^{(2^8)} + 1 = 1238926361552897 \times 934616$$
$$397153579777691635581996068965840512375416381885802803 21$$

◆在费马数中，质因数分解完全明确的是第 11 号 F_{11}！

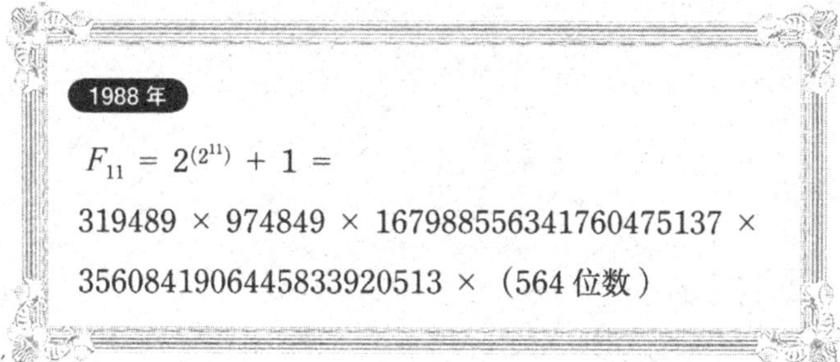

1988 年

$$F_{11} = 2^{(2^{11})} + 1 =$$
$$319489 \times 974849 \times 167988556341760475137 \times$$
$$3560841906445833920513 \times$$（564 位数）

正如“隼鸟号”成功完成了任务，并为我们带来了无比的喜悦一样，对费马数的质因数研究的成功，同样让我们兴奋不已。几近失踪的“隼鸟号”再度回归的伟业不禁让人想起了高斯。

数学家高斯甚至还担任了哥廷根天文台的台长，足以见得他对天文学的重视。“误差论（正态分布）”以及“最小平方法”这些数学理论就是他在天文观测中发现的。另外，高斯还用自己的数学理论，成功计算出了一度被发现却又寻找不到的小行星谷神星的轨道。依照高斯的计算，天文学家们最终成功地捕捉到了小行星谷神星。这便是“小行星谷神星的再发现”。

就像是让相距甚远的小行星谷神星和高斯联系起来的数字一样，让远在天边的“隼鸟号”与地面上的控制室联系起来的也是数字。

数字的探寻与星球的探寻居然意外地联系在了一起。

◆小行星探测器“隼鸟号”

漂亮地完成任务并返航的“隼鸟号”，航线是在使用了 15 位的圆周率进行了周密的轨道计算后制定的。

漫长的质因数探寻之旅还将继续

“隼鸟号”与质因数探寻之间最大的不同之处在于历史的悠久程度。人类突破地球的重力冲入宇宙的历史时间只有 50 年左右，而对于费马数的质因数的探寻，从 1732 年的欧拉以来，经历了约 280 年的历史。

火箭几乎都是靠火焰喷射飞入宇宙的，与此相对，数字的探寻则是在地上的桌子之上安静地进行的，只有笔游走于纸上的声音在回响。说到底火箭能够进行宇宙探索，也是靠着人类对数字和数学的利用才实现的。对眼前的数字展开无限的遐想，正是我们研究开始的第一步。

你所不知道的世界

不存在于这个世界上的空间

在数学的世界中，真实存在着各种各样的世界，甚至是连名字都未曾听说过的空间在其中也相继登场，就像你所不知道的未知世界一样。

让我们来稍微窥视一下这个极为不可思议的世界吧。

所谓“世界”，本来是指我们人类活动的空间，诸如物理上的空间、社会上的空间、心理上的空间等。

英语“Cyber Space”对应的计算机空间等也是如此，这个被称为虚拟空间的地方也算是我们活动的世界之一了吧。

也就是说，“世界”这个词也可称为“空间”。

在数学中担任主演的是数与形又或是函数。这些不同于人类的事物所生活的世界，在数学中表现为空间。

像发现新物种那样与空间邂逅

例如，有以下这样的数学空间存在着。

n 维欧几里得空间　n 维实内积空间　部分空间　奇异的四维空间　非欧几里得空间　射影空间　双射影空间　复射影空间　模空间　线性空间　拓扑线性空间　赋范线性空间　内积空间　对偶空间　切空间　拓扑向量空间　商空间

直和空间　正交补空间　n维仿射空间　距离空间　完备距离空间　巴拿赫空间　希尔伯特空间　函数空间　双曲空间　拓扑空间　豪斯多夫空间　勒贝格空间　索伯列夫空间　连续对偶空间

真的有着各式各样的空间存在呢。光是要记住它们的名字就已经很辛苦了。而数学的空间的特征就存在于它的定义之中。在探索数字和形状的世界时，会遇到具有各种不同特征的数字。

数学家以确实、正确、精密以及尽量简洁的方式，抓住了其中的特征。

如此一来，作为探险的结果，人们也探明了那些数字存在的空间。

这样的方式就像是生物学家在对新品种生物的生境进行观察之后，为其命名并进行分类一样。

名为向量的箭头

向量可用箭头表示。箭头是同时具有方向和大小（箭头的长度）的存在。具有向量性质的物理上的量就被称为向量，并且它就存在于我们的身边。

例如风就是这样。“西南风、风力 3”指的是风向和风力强度。实际上，车的速度也是向量，车在某一个瞬间、朝某一个方向、以某一个速度运动着，就是速度的向量。速度向量的大小即速度的快慢。

在大学，大多数学生最先学习的都是线性代数学。代数学使用文字代替数学来进行计算，而线性代数学则是将行列、行列式等理论体系化之后的产物。

实际上，向量是存在于线性空间这个世界当中的，下页中的图便展示了其构成。

在这张图中究竟哪里存在着箭头“→”呢？

在高中数学中，向量是在文字上方标注箭头来表示的，而随着数学学习的深入，向量变成了只用“***V***”来表示的样式。对于箭头完全消失这一点，真让人感到困惑。

此外，向量空间究竟是什么呢？光看算式的话是很难想象的。

虽然就像被空间洗礼过一样，数学家们却仍然耐心地将向量空间作为研究对象，这番景象的来源及其原来的景象都清晰了起来。

实数、坐标、复数、多项式、函数——这些在学校学习过的内容，实际上全都是向量空间的实例。高中时大多数人是在对这些知识一无所知的情况下开始学习的，实际上它们全都具有相同的性质，都存在于空间之中。

◆向量是什么？

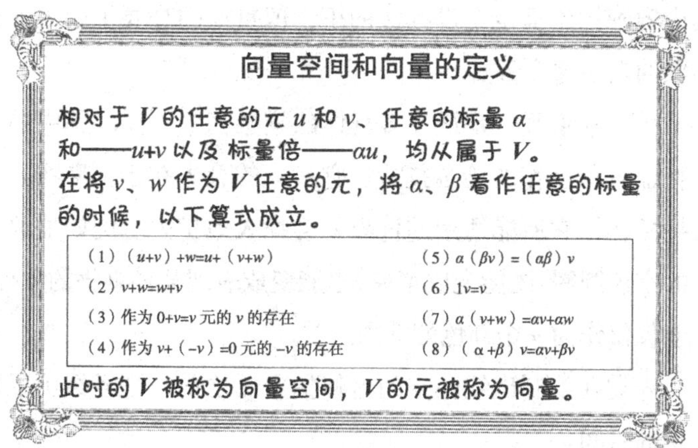

向量空间和向量的定义

相对于 V 的任意的元 u 和 v、任意的标量 α 和——$u+v$ 以及标量倍——αu，均从属于 V。
在将 v、w 作为 V 任意的元，将 α、β 看作任意的标量的时候，以下算式成立。

（1）$(u+v)+w=u+(v+w)$	（5）$\alpha(\beta v)=(\alpha\beta)v$
（2）$v+w=w+v$	（6）$1v=v$
（3）作为 $0+v=v$ 元的 v 的存在	（7）$\alpha(v+w)=\alpha v+\alpha w$
（4）作为 $v+(-v)=0$ 元的 $-v$ 的存在	（8）$(\alpha+\beta)v=\alpha v+\beta v$

此时的 V 被称为向量空间，V 的元被称为向量。

话说回来，为什么向量空间也会被称为“线性空间”呢？那是因为联系两个向量空间之间的“桥梁（映射）”具有线性的特征。

在线性映射这座桥的连接下，空间之间具有联系性的性质，这样的空间被称为“线性空间”。

经济学中也有线性的身影

不仅如此，经济学和物理学也在受着线性空间的恩惠。

装点了 20 世纪的微观经济学和量子力学理论全都能用线性与线性空间的理论进行说明。

由线性所展现出的景象就像是一幅抽象画，正因如此，其内容晦涩难懂也是没办法的事，但重要的是要了解为什么抽象的东西这么重要。

所谓抽象画，是从许多具体的景象当中，抽出其中的共同特征进行创作的绘画技法。它最大的魅力在于，事物一旦被抽象化，它所能适用的世界就会惊人地扩大。例如抽象画中的红色圆圈，既能变成苹果，也能变成表现某种事物的象征，还能仅仅作为一个红色的圆圈。

人类在绘制出线性空间这幅抽象画之前，已经经历了数千年的时间。

之前列出的各种各样的空间也和线性一样，虽然让人看不太懂，但当我们在对这个捉摸不透的世界进行探索、凝视的时候，这本身就是清楚地看透对象的方法。

妖怪与空间之间的意外联系

最近漫画家水木茂再度受到了热捧，他笔下的妖怪世界正是一个你所不知道的世界。

“水木世界”就是在这位大师的头脑中展现的。他以妖怪的世界为舞台创作的各种漫画都是由他亲手绘制的力作。

在我们每个人的头脑中，都有着一个独自创造出的世界，因此，想要把自己的世界分享给他人并非易事。

水木茂通过漫画的形式，为他想象中的世界赋予了外形，并成功实现了与众多读者的交流。

当我们沉浸在水木漫画的世界之中时，恐怕没人会把人世间根本就不存在妖怪这种事当成个问题来看。

毫无疑问，这些妖怪有着让你相信他们存在于“水木世界”中的力量。与妖怪这种非现实的存在相对的，是一种不可思议的意味，能让人感受到压倒性的真实感。数学也与水木漫画有着异曲同工之妙。

当我们沉浸在数学世界之中时，能够感受到其中的真实感。但是为了能沉浸在那个世界中，我们必须要习惯数学这独特的语言，这一点和漫画是不同的。

要在数学世界中探险的话，就会和数和形还有函数、线性这些“登场人物”相遇。

于是数学家们开始找寻这些“人物”的居所。那些居所就是数学的空间。

苏联有一位名叫列夫·庞特里亚金（1908—1988）的数学家，他在年少时因为事故双目失明，但他却坚持不懈地进行着对几何学的研究。他对自己双目失明并没有任何的抱怨，反而说那样更好。

水木茂通过漫画向我们展示了一个未知的世界。同样，数学家也为我们展示了我们所不知道的世界。

为什么说分数的除法是颠倒后的乘法?

不可思议的分数的除法

数学即公式，公式即数学。

我们在小学学习的分数的计算方法，尤其是分数除法的计算方法，可能是我们最早按公式来记忆的内容了吧。

有关分数的计算方法，长大之后再试着回想一下的话，总会让人有一种“这真是不可思议”的想法。平时并不觉得怎么样的分数，仔细想来却充满了众多的“?”。

除法究竟是什么?让我们再来复习一下。

6÷2=3

计算在6当中共存在几个2，这就是除法。

接下来我们用同样的思路来看看分数的除法。

◆分数的除法如图所示

$1 \div \frac{1}{7}$ ←1→ ①②③④⑤⑥⑦ ➡ $1 \div \frac{1}{7} = 7$

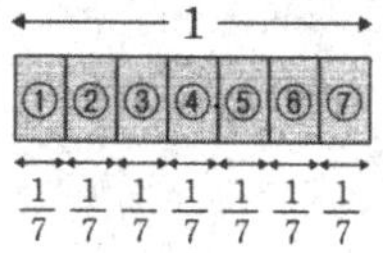

$\frac{1}{7}$ $\frac{1}{7}$ $\frac{1}{7}$ $\frac{1}{7}$ $\frac{1}{7}$ $\frac{1}{7}$ $\frac{1}{7}$

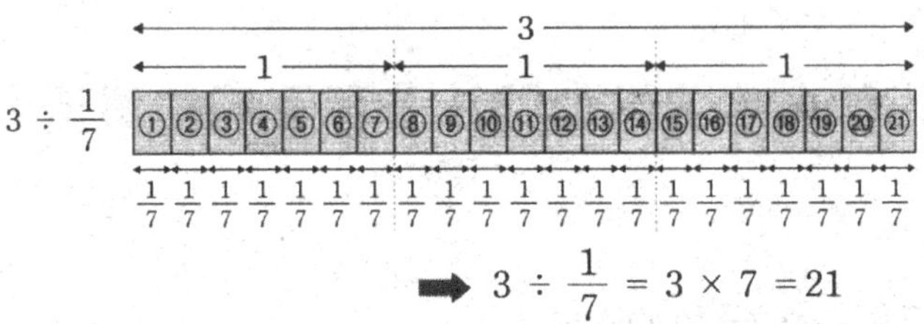

➡ $3 \div \frac{1}{7} = 3 \times 7 = 21$

$1 \div \frac{1}{7} = 7$

在 1 之中含有几个 $\frac{1}{7}$ 呢？

答案是“7 个”。

以此作为基础的话，“$3 \div \frac{1}{7} = 3 \times 7 = 21$”就能够理解了吧。可以看到，在除数为“$\frac{1}{7}$”的分数的计算之中，分子、分母被颠倒了过来。

用油漆的问题来研究除法

下面让我们试着用其他的例子来研究分数的除法吧。

这是一个“用油漆刷墙”的问题。

◆用油漆刷墙

1 升油漆能刷 3 米墙

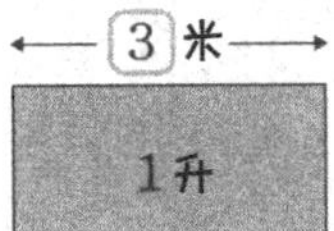

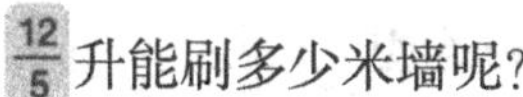

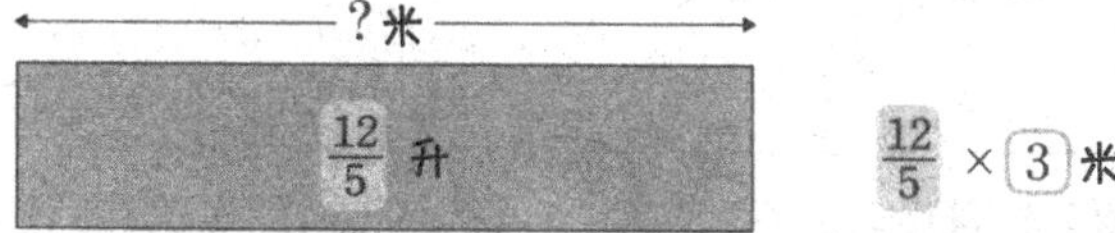

有一种油漆，1升能够刷3米墙，那么$\frac{12}{5}$升能刷多少米墙呢？

答案是$\frac{12}{5}\times 3$（米），可以这样用乘法求出答案。

接下来就不是1升能刷多少米墙的问题了，而是刷1米墙需要多少升油漆的问题。

刷1米墙所需要的油漆是多少？

虽然已知刷1米墙需要$\frac{7}{5}$升油漆，但如果有$\frac{12}{5}$升的话，又能刷多少米墙呢？

首先让我们来想想分数的算式。

那么$\frac{12}{5}$升是$\frac{7}{5}$升的几倍呢？

知道了它的答案之后，可以将它看作在求刷每1米墙所消耗的油漆量。

因此，答案是$\frac{12}{5}\div\frac{7}{5}$（米）。

如果不能理解这个分数的除法，也是有解决方法的。

下面请看下图。图中标有1米和$\frac{7}{5}$升。将这张图7等分之后，就变成了箭头所指的展开图。

◆可以看到将图等分后修长的造型

刷 1 米墙需要 $\frac{7}{5}$ 升油漆

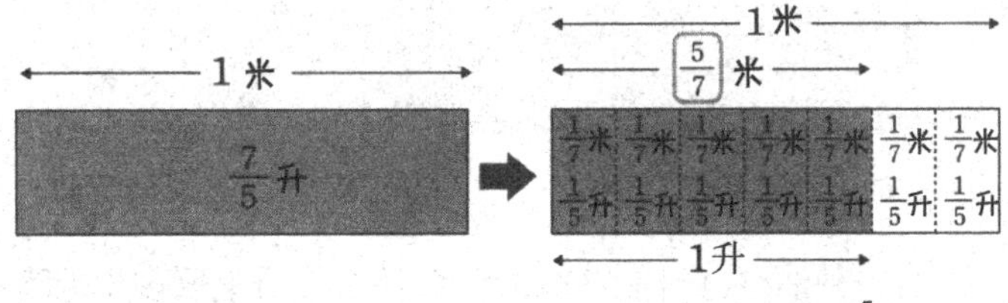

用 1 升油漆可以刷 $\frac{5}{7}$ 米墙

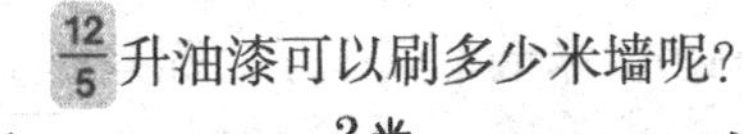

$\frac{12}{5}$ 升油漆可以刷多少米墙呢？

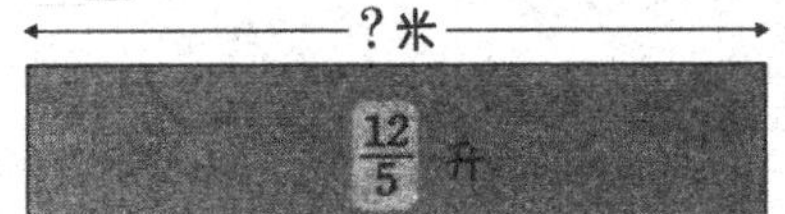

$\frac{12}{5} \div \frac{7}{5}$ 米 $= \frac{12}{5} \times \frac{5}{7}$ 米

这样一来，可将 $\frac{1}{7}$ 米墙看作一个部分，也就是说，1 升油漆能够刷满 5 个部分，即 5 个 $\frac{1}{7}$ 米 $=\frac{5}{7}$ 米。

也就是说，正如在之前的问题之中解析的那样，按乘法 $\frac{12}{5} \times \frac{5}{7}$（米）就能求出答案。

因此，$\frac{12}{5} \div \frac{7}{5} = \frac{12}{5} \times \frac{5}{7}$（米）。

即“刷 1 米墙所需要的是 a 升油漆”，反过来说意思就是“1 升油漆可以刷 $\frac{1}{a}$ 米墙”。因为作为基准的视点改变了，其计算也要随之改变。

a 就变成了 $\frac{1}{a}$。

这便意味着要将分数颠倒过来。

分数的除法就变成了“乘法”……

通过油漆的问题我们理解了这个原理。

回过神来便已记住的公式

顺带一提，在日本小学六年级的数学教科书中，分数除法公式并没有被记为“$\frac{a}{b} \div \frac{c}{d} = \frac{a}{b} \times \frac{d}{c}$”。

但是在第 94 页的图中的说明却印在有些小学六年级的数学教科书中。

我们只是将“分数的除法是颠倒后的乘法”作为公式记了下来。

将它作为公式来进行记忆，也就意味着“为什么”所占的比重变得很小。对于数量庞大的数学公式来说，若它们全都是必须逐一理解“为什么”否则就无法使用的话，将会是非常不便的。因此，背诵公式这件事本身并非坏事。超越了“为什么”并且能轻松使用公式这一点，具有十分重要的意义。

在数学的世界中，公式便是结果。

在对各种各样的条件进行整理、整合的过程中，最后总结成的一条算式的结晶便是公式。

当我们着眼“使用”这一观点时，公式作为必要的结论能迅速对我们进行引导，是非常值得信赖的好帮手。

数学是发现公式的接力棒

但是，若只将公式看作结果、终点的话，数学这个故事必然会百无聊赖。例如，无论什么样的故事，通过追逐开端和结尾之间的章节，都能准确、深刻地品味到其中的魅力。

就像光听故事的结局并不会让人觉得有趣一样，数学这个故事光知道公式这一结论也不会让人觉得有趣。

已知的公式还与其他新公式的发现有着密切的联系。所谓数学，是以从上一位数学家到下一位数学家之间的“公式发现的接力”这种形式发展进步到今天的。

如果我们带着“为什么”这个问题来重新审视先前我们曾经背下的那些被称为“公式”的结论的话，那么，这些公式就会变成一段段故事的开端。

公式为你揭开了至今从未接触过的计算之旅的帷幕。

为什么0不能作为除数？——有趣的数学授课

学生提出的简单疑问

（在某间教室里）

某一天，学生提出了一个问题。

学生：“老师，为什么在除法运算当中0不能作为除数呢？”

对这名提出问题的学生，我决定为他做一番全面细致的解说，因为他一定是鼓足了勇气才决定向老师提问的。

老师：“谢谢你提出了这个很好的问题。为什么平常有想法，却不来向老师提问呢？不用担心被认为这太奇怪了，没有这回事。你的疑问是经过非常认真的思考的，这是一个很重要的问题。”

为什么这个提问那么重要呢?

好啦，快把耳朵凑过来慢慢倾听老师的说明吧。首先呢，让我们从再度思考何为除法这个问题出发。请看下面方框中的公式。

◆**除法中“暗藏乘法”**

$$2\times3=6 \Rightarrow 6\div2=\frac{6}{2}=3$$

$$4\times3=12 \Rightarrow 12\div3=\frac{12}{3}=4$$

$$5\times1=5 \Rightarrow 5\div5=\frac{5}{5}=1$$

所谓除法的计算，是“求某个数是其他数的几倍的计算”。也就是说，我们可以认为最早先有了乘法。例如 6 ÷ 2 是在求“6 是 2 的几倍”。最开始有了“将 2 扩大 3 倍即得 6”的概念。这样一来，我们就能断定除法和乘法是相对应起来的。

□的乘法算得的答案是……

下面让我们来看看，用 0 作为除数的除法吧。

例如，“3 ÷ 0= ？”即在计算“3 是 0 的几倍”。用乘法的算式表示出来就是“0 × ？ =3”。

即，“0 × ？ =3”→“3 ÷ 0= ？”。

好啦，让我们看一看这个算式，试着想一想“？”处究竟应该填入什么样的数字呢？0究竟该乘以什么才能变成3？那样的数字是不存在的。

是的，“3÷0”的答案是“不存在”。

下面还有一个问题，是有关用0来除以0的除法计算的。

“0÷0”，让我们像之前一样用乘法的算式来探究一番吧。

“（乘法算式）”→“0÷0=？”

“（乘法算式）”处应填入的是“0×？=0”。

那么“？”处应填入一个最适合的数字吧？

0×0=0

0×1=0

0×2=0

0×3=0

…

…

…

能看出“？”处无论填什么数字都能成立呢。

因此，

0÷0=0

0÷0=1

0÷0=2

0 ÷ 0=3

…

…

…

我身上没有“0”，
我是该高兴还是
该悲哀呢？

最后就变成了这个样子。

这便意味着“0 ÷ 0”的答案有无数个。

“0不能作为除数”的真正原因

“6 ÷ 3”是“2”，正因为答案只有唯一一个，它作为除法才有了意义。这并不仅限于除法当中，可以说所有的计算都是如此。

“3+5”“6–4”“8–3”中不管哪一个的答案都只有一个。然而“a ÷ 0”的计算答案并不是唯一的。

这正是“0 不能作为除数”的原因。

这种现象在数学中被称为“无法定义的计算（演算）”，表示为下页方框中的内容。

对于“无法定义的计算”，可能至今为止我们都未曾听过。这是理所当然的事，因为我们从小学开始学习的计算全都是能够定义的计算。

◆ “$a \div 0$”是无法被定义的！

> “a 不为 0 时” ➡ “$a \div 0$”没有任何答案。
>
> “a 为 0 时” ➡ “$a \div 0$”有无数个答案。
>
> 因此，“$a \div 0$”无法被定义。

我们在学校学习的数学中，都省略掉了下面这句话——“从现在开始大家所挑战的计算，都是能够被准确定义的。所以，只要安心计算就行了哟。”

“用 0 作为除数的计算”是将这句话当中未提及的前提告知大家的绝佳方式。

因此，“为什么 0 不能作为除数”这个问题是非常重要的。

0 次方的值为什么是 1？

与其相信不如理解。

$a^0=1$。

在学校的课程中，我们就是按那样学的。

为什么 0 次方会是 1 呢？一定有人觉得这并不总是正确的吧？但是，老师并没有告诉你详细的理由。

虽然现在暂时还无法领会“总之先记住 a 的 0 次方是 1”“因为老师就是那样说的，所以就信了吧”，但是想必有很多人是这样想的吧。

不过，数学并不是依靠“相信”的学科。比起“相信”，试着去思考自己能够理解的答案的话，会遇到格外有趣的事情。

那么，为了能理解 0 次方，让我们来试着思考吧。

◆ 2 的指数的排列

$2^5=32$　$2^4=16$　$2^3=8$　$2^2=4$　$2^1=2$　$\mathbf{2^0=?}$

$\frac{1}{2}$倍　$\frac{1}{2}$倍　$\frac{1}{2}$倍　$\frac{1}{2}$倍　$\frac{1}{2}$倍

◆ 3 的指数的排列

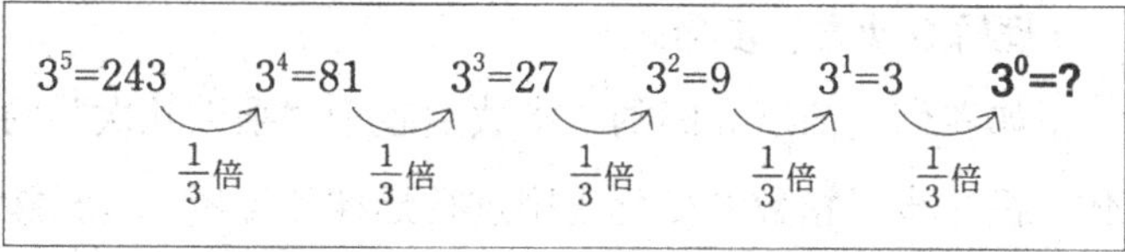

< 理解 0 次方！步骤① >

请先看上面方框中的内容。看了这些数字之后有没有注意到什么呢？

请注意看指数部分，5、4、3、2、1 每减小 1，右边的值就会变为原来的 $\frac{1}{2}$、$\frac{1}{3}$。

若按这个关系再往下推算的话，2^0 、3^0 将分别是前面数字 2 和 3 的 $\frac{1}{2}$、$\frac{1}{3}$，也就是说都等于 1。

下面我们来看看数字变得更小时，负指数所对应的值吧。

◆将指数减小之后…… < 底数为 2>

$2^5=32$　$2^4=16$　$2^3=8$　$2^2=4$　$2^1=2$　$\mathbf{2^0=1}$

$2^{-1}=\frac{1}{2}$　$2^{-2}=\frac{1}{4}$　$2^{-3}=\frac{1}{8}$

◆将指数减小之后…… < 底数为 3>

$3^5=243$　$3^4=81$　$3^3=27$　$3^2=9$　$3^1=3$　$\mathbf{3^0=1}$

$3^{-1}=\frac{1}{3}$　$3^{-2}=\frac{1}{9}$　$3^{-3}=\frac{1}{27}$

<理解 0 次方！步骤②>

正如我们此前所介绍的，指数是表示“乘以几次”的自然数。进一步对指数的变化规则进行延伸和思考，包括指数部分为 0 还有变为负整数的情况都成了思考内容。这就是“指数法则”。

下面便从这个法则出发，彻底地敞开“$a^0=1$”谜题的解密之门。正如以克莱因瓶而闻名的德国数学家菲立克斯·克莱因（1849—1925）所说的，所谓公式就是，“你若侧耳聆听其声音，它便会开始向你述说诸多的知识。”

请看下面方框中的内容，其中写有“对于所有的实数 x、y…”这个算式。

◆**指数法则**

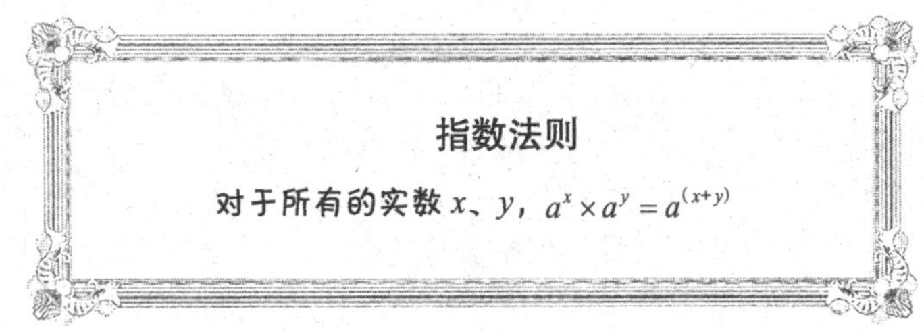

指数法则
对于所有的实数 x、y，$a^x \times a^y = a^{(x+y)}$

公式只是默不作声，并不是在沉睡。

菲立克斯·克莱因
（1849—1925）

其中，当“y=0”时，试着将其代入式中。

于是上述式子变为“$a^x \times a^0 = a^{(x+0)} = a^x$”，这样我们就能得到“$a^0$=1”。

如果还是觉得难懂的话，试着设“x=2、y=0”来计算也是可以的。

这样“$a^2 \times a^0 = a^{(2+0)} = a^2$”，果然得出了“$a^0$=1”。

<理解 0 次方！步骤③>

这样一来，我们便可知指数法则中包含了“a^0=1”，而负指数的算式的意义也随之明晰了。

根据指数法则，设“x=1”“y=–1”，则由$a \times a^{(-1)}=a^0=1$可知 $a^{(-1)}=\frac{1}{a}$。

若设 $y=-x$，则 $a \times a^{-1}=a^{(1-1)}=a^0=1$。

“为什么$y=-x$时，$a^x \times a^{(-x)}=a^0=1$，$a^{(-x)}=\frac{1}{a^x}$呢？”——对于这个问题的解答，全都融入了指数法则当中。

江户时代的数学家旅人

江户时代寺子屋（私塾）的多样性

在江户时代，平民的数学水平即使是在世界范围内都能称得上是出众的。在寺子屋里，能看到与现代的学校和补习班大不一样的学习景象。

对于现代的孩子们来说，学习和考试是分不开的。按考试的有无、考试科目的不同，学习的内容与构成方式也不尽相同。

但是，江户时代并没有像现在这样的考试制度，也没有像年龄区分、熟练度区分这样的体系，从小孩到青年都是在一起学习的。

学习的内容也包括了习字、打算盘等各种科目。江户时代前期的数学家吉田光一（1589—1672）所著的《尘劫记》，作为一本跨时代的数学书，在江户时代的平民中广为流传。

◆学习《尘劫记》的关孝和

关孝和在自学了《尘劫记》之后，极大地发展了日本独立的数学体系“和算（日本数学）”。

他是因发现了伯努利数而闻名于世界的数学家。

于是在寺子屋里学习的孩子当中，诞生了许多的数学家。

旅途中的数学家——游历算家

江户时代究竟与现代有着怎样的差别呢？

实际上，江户讲授数学的老师具有多样性。当时如果在屋前摆出算法塾（数学教室）的招牌的话，只要是懂得排列，并且对自己有自信的人都可以简单地展开教学。

但是，虽然像江户这样的大都市有着许多的寺子屋，但在地方上并非如此。

和算（日本数学）能由城市向地方扩展，是因为其中有着现代无法想象的教师的存在。

他们是一边在日本全国旅行一边讲授数学的和算家——人称“游历算家”。

通过数学问答进行知识竞赛

在游历算家中享有盛名的是山口和（？—1850）。出生于越后国（今日本新潟县）的他，在江户知名的长谷川道场学习和算。

在以《奥之细道》而为人所熟知的松尾芭蕉（1644—1694）去世100周年之际，山口在奥州（日本的一个城市）踏上了旅途。他所到之处都会被人拉住大喊：“从江户来了一位数学名师！”

地方上的官吏们都会请他留宿于自己家中并向他学习数学。光是这样并不能让他们满足，他们还在村里开设算塾（数学教室），让村民一起学习数学。从这里可以感觉到平民究竟有着多么强烈的求知欲。

文化十五年（1818年），山口与岩手一关（地名）的数学家千叶胤秀（1775—1849）相遇了。他是一位在千叶地区拥有多达3000名弟子的游历算家。

在了解到与自己一样的和算家的存在后，山口拜访了千叶，并向他发起了一场“和算问答”的挑战。结果是山口获得了压倒性胜利。

千叶在败给了山口之后成为了他的弟子，在长谷川道场上不断进行钻研，最终获得了出师资格。此后千叶胤秀便培养了许多弟子，并在江户时代后期使一关地区发展成为日本数一数二的和算中心。

憧憬数学的江户时代

千叶在 1830 年编著的《算法新书》中公开了秘传的数学算法，《算法新书》作为一本可以用于自学的优秀教科书，成为了当时日本的畅销书。

关于千叶胤秀，值得一提的是他自己是农民出身，拜在他门下的许多人也都是农民。在江户时代后期，以日本东北部地区为中心的知识型农民的文化就是以和算为中心发展起来的。

在江户时代，因为有着寺子屋这样的现代所不具备的讲授和算的环境，才涌现出了众多像游历算家这样的和算家。就连孩子们也都学着大人们的样子，开始了和算的学习。

第三部分

超有趣的让人睡不着的数学

日本人与数学都喜欢“超”

“超”数学?

“超可爱”这个用法是从什么时候开始出现的呢?虽然听说现在演变成了“真心可爱”和“Real 可爱”等表现方式，但是“超”依然在被使用着。

“超”字表达着“并不简单，很厉害”的意思，“超美味、超糟糕”这样的用法越过了日语语法规则，还有“超 very good”这样与英语组合的单词。

说起来，以前还曾经流行过“超合金”这样的词，本书的书名也叫作《超有趣的让人睡不着的数学》呢。

日本人真的超喜欢“超”这个字呢。

下面来看看在数学的世界中那些加了“超”的词吧。

超空间、超越数、超函数……

为什么会在前面加上“超”字呢?若我们试着探寻其中原委的话，就能看到很有趣的事。

数学世界中的“超”们

▶从 hyper 中诞生的“超”们

超空间、超平面、超曲面、超球面、超几何级数

“超空间”的英文是“hyper space”，而“超平面”“超曲面”“超球面”的英文分别是在“平面（plane）”“曲面（curve）”“球面（sphere）”之前加上“hyper”。

通常我们所能感受到的空间，是有着纵、横、高3个方向的三维空间。而现代数学由此出发，成功研究出了更高次元的空间，那便是加上了“hyper”这个词的空间——“超空间”。“hyper”这个词翻译为“超”。接下来稍稍介绍一下其准确定义，例如所谓“超曲面”，指的是“n维欧几里得空间”中的“（n–1）维部分多样体”。

不仅如此，像“超几何级数”这样，还有一种超越了想象的感觉，英文是“hyper geometric series”。高中时要学习的二项式定理（表示展开式的公式）被一般化之后的式子，也带有“超”的概念。

接下来是将“trans-”翻译为“超”的用语

▶从 trans 中诞生的“超”们①

超越数（transcendental number）

“transcendental”是“超越了一般常识，卓越”的意思，除此之外还有“难解的、抽象的”这样的意思。

作为无理数的圆周率 π，实际上也是超越数。但是，同样作为无理数的 $\sqrt{2}$，并不是超越数。它是被称为“代数数（algebraic number）”的数字。代数数是以有理数作为系数的多项式的根。

◆乍一看能看出不同吗?

超越数和代数数

超越数 π = 3.14159265358979323846264338327…

代数数 $\sqrt{2}$ = 1.41421356237309504880168872420…

接下来请看上面方框中的内容。无论是 π 还是 $\sqrt{2}$，都是在小数点之后无限延伸的无理数，这样看的话，可以将两者看作非常相似的同一类数字。

但是，它们之间有着非常明确的、“卓越”程度上的不同。

$\sqrt{2}$ 这个数是“$x^2=2$”这个方程式的解。

而对于 π 而言，是不存在那样的方程式的。像 π 这样的无法成为任何方程式的解的数字被称为“超越数”。它具有“超越”所有方程式的意义。

仔细说来，这样的数字是有母方程式的，它只是从中诞生出的如孩子一般的数字。代数数中存在母方程式，而超越数则正好相反，是不存在母方程式的数字。

我们所熟知的整数和有理数等，以及表示出的无理数，几乎都是代数数。但是，德国数学家格奥尔格·康托尔(1845—

1918）完成了一项不得了的证明。那便是几乎所有的数字都是超越数！

当我们使用数字来对应直线上的点时，这条直线就被称为“数直线”。在这条数直线上的几乎所有的点都是表示超越数的点。这一惊人的事实让数学家们受到了巨大的冲击。

“某一个数字是不是超越数”的判定是极其困难的。但在那其中，费迪南·林德曼（1852—1939）于1882年证明了“π 是超越数”的理论。

这样一来，我们便确定了 π 是没有母方程式的。

超越数是极其难解的数字，也还有许多尚未探明的谜题。顺带一提，2 的平方根 $\sqrt{2}$ 也是超越数。

多米诺一般的数学

▶从 trans 中诞生的“超”们②

超限归纳法（transfinite induction）

在高中学习的数学归纳法属于“超限归纳法”。数学归纳法简单说来就像是推多米诺骨牌。

在证明有关“所有的自然数”中成立的定理时，对每个自然数逐一进行证明是不可能的，因此便有了数字归纳法这样的方法。

如果能证明最初的自然数 1 成立的话，接下来的 2，还有再接下来的 3 也都成立，通过按顺序进行证明的方式，使证明无限的自然数中的所有情形都成立成为可能。这样的方法就像是在推多米诺骨牌一样。

"finite"的意思是有限，"transfinite"的意思则是"超越有限"。顺带一提，表示"无限大"的"infinite"是"finite"的否定形式。

超越有限，这个推倒多米诺骨牌的方式，正是"transfinite"，也就是此前的"finite（有限）"的反义词"infinite（无限）"的意思。

除此以外，加上了"超"的用语还不止如此。

▶不止如此的"超"们①

超准解析（非标准分析，nonstandard analysis）

实际上"无限大"与"无限小"的数字是不存在的。

无限大（∞）并不是一个数字，而是"无限变大的情况"，而无限小是"无限趋向于 0 的近似的量"。

正如许多人会把"∞"理解为一个数字一样，数学家也为能否将"∞"作为一个数字来对待而苦恼着，经过一番深思熟虑之后，提出了"超准解析（非标准分析）"这种全新的思考方式才使得这个疑问得以解决。在超准解析的思考方式当中，首次将"∞"看作数字。

▶不止如此的“超”们 ②

超数学（元数学，metamathematics）

“超数学”是将对于数学来说很重要的“证明”本身作为对象进行研究的数学，属于德国数学家戴维·希尔伯特（1862—1943）提出的被称为“基础论”的领域。

例如，澳大利亚数学家库尔特·哥德尔（1906—1978）曾提出过一个有名的假设：“数学中存在无法证明却也无法否定的命题”，这个被称为“哥德尔的不完全性定理”的定理就是“超数学”。

如此一来数学中也有了带“超”字的用语，其中共同的特征可以说是太棒了。由于“超越了迄今为止的数学＝超”，因此带“超”字的数学用语几乎都是新的概念。

从这层意义上来说，“超音速”“超并列”“超分子”等现代科学，都可以说是与带“超”字的概念相同。

日本的数学家也创造出了“超”

好啦，在最后部分向你介绍的是秘藏的带“超”的数学用语。此前介绍的带“超”的数学用语，开始时全都是英文词汇。事实上，还有最初便以日语创造出的带“超”字的数学用语，那便是“佐藤的超函数”。

由德国数学家赫尔曼·施瓦茨（1843—1921）所构想的“distribution（分布）”被翻译为“超函数”。

之后由佐藤干夫（1928—）独立创造出的全新函数“超函数”，英语被翻译成了“hyperfunction”，这是日本首次在世界数学界里使用“超函数（hyperfunction）”。

所谓“超函数”，它超越了已有函数的划时代理论，还能应用到物理学和工学之中，是非常值得信赖的存在。这些“超函数”是被称为“generalized function（一般化的函数）”的把已有的函数一般化的函数，而佐藤的“hyperfunction”超越了“distribution”，成为了数学界的一颗璀璨之星。

这便是诞生于喜欢使用“超”来进行表述的日本的“超函数”。

这样一来，对于日本人适合使用“超”字这一点，即使是在数学的世界中也是很明确的。

数学家都是超能力者

说起“超”字来，曾经还流行过“超能力”这样的词。那些使用肉眼无法看到的力量将汤匙弯折的超能力者，他们的身姿将日本的众多观众牢牢钉在了电视机前。

但是仔细想来，不使用数学就无法实现的IT世界也是如此，这在过去的人们看来，简直就是比弯折汤匙更超乎想象的现象。

比如说，如果用时光机器把明治时代的人带到这个计算机和手机等再平常不过的现代来的话，他一定会惊呼“这是超能力啊”。

如果是那样的话，生活在现代的我们必然会对祖先们说：“那些超能力的真面目其实是数学。”

我们发现数学，找出数与数之间无形的关系，并将其发展到了应用阶段。

毫无疑问，数学是真正的“超能力”，而现代数学则为超越了超能力的“重大”发现加上了“超”这个称号。

我们则完成了数学这项超能力的开发。

相信今后我们也将继续发现各种“超”，并对“超能力”进行磨炼。

3D 和 2D，哪个更厉害？

为什么 3D 那么有人气？

现在已经进入到了不管是电视、电影还是游戏都是 3D（3-Dimensions，三维）的时代。

可是为什么我们都已经不说立体，而是以“3D”作为宣传标语了呢？

说成是“3D”，是不是因为能够更明确地表现出具有比以前更高的性能的含义呢？确实，比起“从平面到立体”这样的语言描述，使用“从 2 到 3”的数字给人一种能更加准确地传达意思的印象。

此外，使用“D”也就是“维度”这个词看上去也颇具效果。“维度”这个词多用以进行区别和叙述等级差异。

“我和你的维度不同！”

我们在日常的会话当中，会用到像“维度不同”这种风格的话吧。贬低说话对象时有时会说对方“维度等级低”，相反，当对象太优秀超过了自己（或者说超过了世人的平均水平）的时候，我们会说对方“维度等级高”。

那么，此处的“维度”这个词究竟有着什么样的意义呢？

数学中的维度

在数学当中，表示空间的扩张状况的概念便是维度。

零维空间是点，一维空间是直线，二维空间是平面，三维空间表示的则是空间。通常我们的认知仅止步于三维，使用坐标来观察维度的表现也绝非难事。

正如（1,2）为二维、（1,2,3）为三维、“1,2,3,4”为四维、（1,2,3,4,5）为五维一样，只是用每组数字中的个数来表示维度。

这就意味着，n个数字的组合（1,2,3,…,n）可看作n维坐标。

但显而易见的是，从本来的图形也就是几何的高维世界看到的维度的差异，并不是那么简单的事。

围绕着庞加莱猜想数学家谱写的续曲

那是证明“庞加莱猜想”的故事。

1904年，由法国数学家亨利·庞加莱（1854—1912）提出的问题，经过了不到100年的时间，由俄罗斯的格里戈里·佩雷尔曼（1966—）于2006年准确无误地进行了证明。

“庞加莱猜想”正如下面有关三维的理解。

▶ “庞加莱猜想”

任何一个单连通的封闭的三维流形一定同胚于一个三维的球面。

将这个猜想应用到四维以上，便得到了接下来的猜想。

▶ “高维庞加莱猜想”

任何与 n 维球面同伦的 n 维封闭流形必定同胚于 n 维球面。

那么，通向证明的道路在此。首先是五维以上的“高维庞加莱猜想”，它是由美国的斯蒂文·斯梅尔（1930—）在1960年提出证明，之后又在1981年证明了四维的猜想。

就在这时，发生了一件大事。

英国的西蒙·唐纳森（1957—）试图证明四维空间是一个特别的空间。

他发现了即使是乍一看差别不大的同类型四维空间，在变换视角之后也存在着完全不同的四维空间。

之后，佩雷尔曼终于证明了本来的三维的庞加莱猜想。五维以上意外地简单，四维有点难，三维则是最难的，这一点是非常有趣的。

◆证明了庞加莱猜想的格里戈里·佩雷尔曼

他是一位对名
誉和金钱都不
感兴趣的数学
家哦。真帅！

低维的难度更高？

虽然总觉得高维更加难解，但这个问题是不能一概而论的。低维（四维和三维）更加困难，需要高难度的证明方法。

为“庞加莱猜想”的证明做出了贡献的斯梅尔、唐纳森、佩雷尔曼被授予了称得上是数学界的“诺贝尔奖”的菲尔茨奖，但是唯有尝试了突破最难关的佩雷尔曼，回绝了菲尔茨奖的颁奖。

他被认为是一个不屑于世俗的人，就连美国克莱数学研究所提供的100万美元的奖金都拒绝接受。他现在在俄罗斯与母亲一起过着平凡的生活。

“超弦理论”与维度

另外，即使是在物理学的世界也会发生相似的事情。人们钻研基本粒子物理学这门学问的最大梦想，便是想将所有的基本粒子统一起来。

作为实现该梦想的最有力补充，“超弦理论”所表示的时空的维度分别是三十二维、十六维、十二维、十一维、十维。

正如大家所知道的，宇宙是由四维构成的，即“纵”“横”“高”还有“时间”4项。

虽说“超弦理论”能对应高维，但对于“为何整个宇宙是四维构造”并没有得到说明。

因此在数学、物理之中，比起高维来，低维的解析更加困难。

也就是说，具有较高的维度并不一定就意味着它就是高级的。

这样想来的话，最近流行的“维度上升”这个词，总给人一种变聪明的感觉。

正如“庞加莱猜想”和“超弦理论”所揭示的，维度升高并不是什么值得夸耀的事，反倒是我们所生存的四维空间才是最为神秘的。

即使如此，“为了维度上升”这个理念在推进着数学的发展。在数学的世界里，人们一直在对“无限维度向量空间”“无限维度希尔伯特空间”等各种各样“‘无限’维度”进行着研究。

“维度”是表示空间范围大小的指标。

乍一看的话2D不如3D，更高维度虽然给人一种高级而又具有高度的感觉，但令人震惊的是低维度更加难解且充满着谜题。

所以，当我们要贬低对方时用“维度‘高’”，夸赞对方时用“维度‘低’”，也许这种从数学角度来看正确的用法会更加适合呢。

从大地中诞生的单位

"1 米"诞生的故事

1 米、1 千克、1 秒……

当我们想要测量眼前的某种事物时，必须用到的单位全都是从作为母亲的大地——地球中诞生的。这些单位的诞生必须要有作为"接生婆"的人类，还有作为"洗澡水"的数字。

各位读者，你们知道地球有多大吗？

通过北极与南极的巨大圆圈（子午线）的半径约为 6357 千米。这个一眼看上去并不准确的值，换算为周长后就不一样了。

圆的周长大约是直径的 3.14 倍，所以地球的圆周就是

"6357 × 2 × 3.14=39921.96（千米）"。

大约为 40000 千米。感觉上是一个凑巧的数字呢，但这真的只是个偶然吗？

实际上，在"米"这个单位中隐藏着一个秘密。

法国是最早测量地球的国家

让我们回溯到 18 世纪的法国。

当时的人们使用着各不相同的度量方法，且为该使用什么样的单位而困扰着。

1789 年法国大革命之后，新政府的政治家罗兰（1754—1838）提出了要将世界上杂乱的长度单位统一为全世界都可以使用的单位的想法。

法国的科学家们就如何科学地制定长度单位，一直在进行着讨论。之后到了 1791 年，在巴黎通过了“从赤道到北极的长度”的测量，并将该长度的一千万分之一规定为了长度的标准单位。

也就是说，规定了“子午线（连接南极和北极的线）全长的四千万分之一为 1 米”。

这是经过预先计算后获得的结果，并不是一个凑巧的数字。

法国从 1792 年就开始了地球的测量研究。

1798 年成功测算出了法国的敦刻尔克与西班牙的巴塞罗那之间的距离约为 1000 千米。

在法国大革命的最高潮时期，人们耗费了 7 年时间进行三角测量，以生命为代价跨越国境进行作业。1798 年，子午线的全长被测算了出来，“米”这个单位也最终从中诞生。

在这个新的单位尚未获得普及时，法国政府一直在世界上进行着普及工作，他们的努力终于获得了认可。1875 年 5 月 20 日，17 个国家在巴黎签署了《米制公约》。

从法国制定“米”这个单位到“米”的普及，一共经过了 80 年以上的时间。

日本虽然在1885年也加入了《米制公约》，但到“米”的正式使用，还经过了将原来使用的“尺·贯”作为基本度量衡的法令废除的过程，新“计量法”的普及直到1966年才完成。

果然是需要80年以上的时间啊。

现在的《米制公约》的会员国增加到了51个，法国大革命时期想“将它变成世界上使用的唯一单位”的人们的愿望真的实现了。

“1千克”诞生的故事

以地球的周长为依据制定了“1米”。

边长为其十分之一的10厘米的正方体，其体积为10厘米×10厘米×10厘米=1000立方厘米。

这个正方体的体积就是1升，1升水的重量（正确来说是质量）被规定为了1千克。

但是1升水的体积根据温度不同是会产生变化的。因此，1790年1千克被定义为了“最大密度温度（4摄氏度）下1升蒸馏水的质量”。

这样质量的基本单位“千克”就被确定了下来。

在此之后，国际千克原器的质量代替了不稳定的水的质量，作为“1千克”一直使用到现在。

◆国际千克原器

它是由 90% 的白金、10% 的铱组成的合金制的金属块，外形为直径、高均约为 39 毫米的圆柱体。

这样一来，从地球的周长中诞生了“米”，而“米”又决定了体积的单位“升”，从水的质量中又诞生了“千克”。

所以质量的单位“千克”绝对不是从“克”这个单位变过来的。1 克只是 1 千克的千分之一。

巨大数值的读法

地球的质量约为 5972190000000000000000000 千克。下面介绍巨大数值的读法。

这是需要反复加上几百、几千、几万、几十万，也就是每 4 位数加上万、亿、兆这样的词头。

这些词头之后是“0”的个数。例如“123 亿”就是在“123”

之后加上“8”个“0”，就是“12300000000”。

试着用“8 度音”来记忆“亿”吧。1 个 8 度为“do re mi fa so la si do”的 8 个音。

听到“亿”就联想到 8 度音，“因为是 8 度音，就有 8 个 0”这样想就记住了。

而每 4 位数读法都会有变化，“兆”就是在“亿的 8 个 0”之后 +“4”，变成“12 个 0”。“京”就是再 +“4”个“0”，即“16 个 0”。像这样以“亿”为基准来想就可以了。

这样一来，地球的质量为“大约 5 秭 9721 垓 9000 京 0000 兆 0000 亿 0000 万 0000 千克”，读作“约五秭九七二一垓九千京千克”。

◆每 4 位数加上词头！

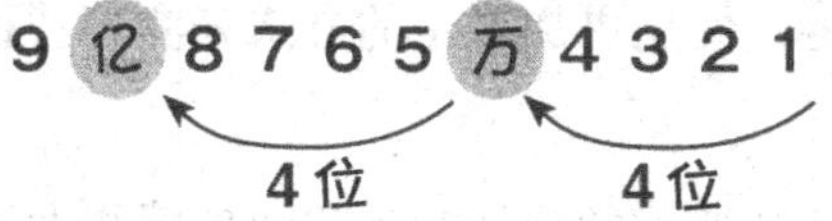

◆ 0 的个数如下

万	亿	兆	京	垓	秭	穰	沟	涧	正	载
4	8	12	16	20	24	28	32	36	40	44

极	恒河沙	阿僧只	那由他	不可思议	无量大数
48	52	56	60	64	68

“1 秒”来自于地球与太阳的运行。

作为时间单位的“秒”，最初也是从地球的运行中诞生的。

60秒为1分钟，60分钟为1小时，24小时就是一天。所以1天就是60×60×24=86400（秒）。而这“1天的秒数”就是关键所在。

地球是以南极与北极的连线为轴进行旋转，也就是所谓的地球自转。如果从地球看向太阳，看上去就像是太阳在围绕着地球转似的。

而对于可以从地球上看到的太阳，人类从数千年前就已经开始观察它的活动了。通过对太阳的运动进行精密的观测，我们知道了一天的长度（自转周期）。

将“1天的长度（自转周期）的86400分之1”定为1秒，这样一来便从地球的自转中制定了“秒”。

但是，曾被认为是恒定不变的地球自转速度，后来被发现是在变化的，使用更加稳定的方式来测算“秒”是十分必要的。

那便是计算地球的公转时间。地球围绕太阳旋转一周的时间为1年。地球围绕太阳的公转运动实际上是非常稳定的。因此，这次的“秒”的测算没有依据1天而是使用了1年作为单位。

那么1年究竟有多少秒呢？

让我们试着算算看吧。1天是86400秒，1年是365天，所以86400×365=31536000（秒）。

实际上的公转周期要比365天更长一些，是31556925.9747秒。

这样一来，1960 年国际上规定“1 秒为 1 年的 31556925.9747 分之 1”。

爱因斯坦与单位

长度、质量、时间的单位都是以地球为基准指定的，随着时间的流逝也就越追求精度。

“1 米”经历了从地球的周长到“米原器”的过程，还实现了“原子的世界”这样穷尽的精度，正在向着微观世界的舞台迈进。那便是光的精度。

1960 年的“1 米”被定义为“氪 86 的光的波长的 1650763.73 倍”，而到了 1983 年则被定义为“光在真空中 299792468 分之 1 秒中前进的距离。”

但是，为什么要用光呢？

告诉我们这个问题的答案的是阿尔伯特·爱因斯坦（1879—1955）。他在“狭义相对论”中提出，事实证明光的速度与光源的运动无关，是一个恒定的值，并且无论是什么样的光（与波长无关），光速都是恒定的。

相信你也察觉到了，在这个“米”的定义当中包含了“秒”这个单位。

这就意味着，它们之间是“有了秒才有了米”这样的关系。

“1 秒”的定义与“米”一样是在变化着的，从地球的自转到公转，再到现在使用原子时钟来定义正确的“1 秒”。

所谓“原子时钟”，是利用原子所具有的能够吸收或放射出特定的周波数的电磁波的性质制作的。

1960 年人们开始使用误差每 1 亿年仅有 1 秒的铯原子时钟来定义“1 秒”。准确说来，“1 秒”的定义是“铯 133 原子基态的两个超精细能级之间跃迁相对应辐射的 9192631770 个周期所持续的时间。”

原子时钟也在不断追求着精度，我们正在为开发出数百亿年只会有 1 秒误差的超高精度的原子时钟而努力着。

以原子的世界为舞台的探寻仍在继续

最早的“米”和“秒”分别是从地球的周长、地球的自转周期这两种不同的概念中诞生的，而现在“秒”作为基本的概念，被用于定义“米”。这是物理学发展的成果。

单位的发展历史，最初是以地球这个大地母亲作为出发点，然后拓展到了太阳，之后又突然一转，向着光与原子的物理学世界、向着新的舞台迈出了脚步。

有趣的是“千克”的定义，“千克原器”代替了水之后便一直沿用到了现在。那是因为至今还没有比“千克原器”精密度更高的定义方法。目前人们正在为此而进行着潜心研究。

在这方面，必然还是要以原子的世界为舞台，利用物理学的法则进行研究吧。例如，请看下页方框中的内容。

我们可以将它定义为：若将“爱因斯坦的能量 E（焦耳）

与质量的公式”，与“波长 λ（米）的光子的能量 E（焦耳）的关系式”组合起来的话，“1 千克是拥有的静止能量与某波长 λ（米）的光子的能量相等的物体的质量”。

话题几乎变成了物理学了呢，对于不懂物理学的人来说可能并不容易理解吧。

◆爱因斯坦的能量与质量的关系式

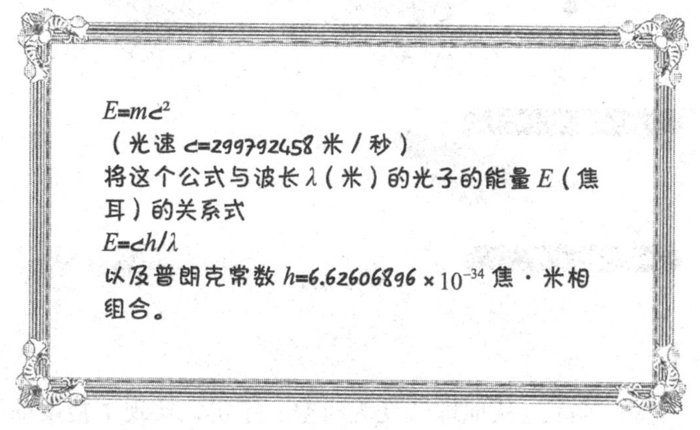

$E=mc^2$

（光速 c=299792458 米／秒）

将这个公式与波长 λ（米）的光子的能量 E（焦耳）的关系式

$E=ch/\lambda$

以及普朗克常数 $h=6.62606896\times10^{-34}$ 焦·米相组合。

但是如果我们回顾一下“米”的诞生过程的话，会发现难道实际上不是什么都没有改变吗？

当时在利用最先进的科学来定义“米”的时候，主舞台是在我们人类居住的地球这片大地上。

而到了现在，围绕单位展开的最前端的讨论所使用的舞台，是我们新发现的时空，是宇宙这个数学与其他科学的大地。

我们生活在一圈约 40000 千米、重约 6 秭千克、自转周期为 86400 秒的地球上。

◆用几何学测算地球的方法

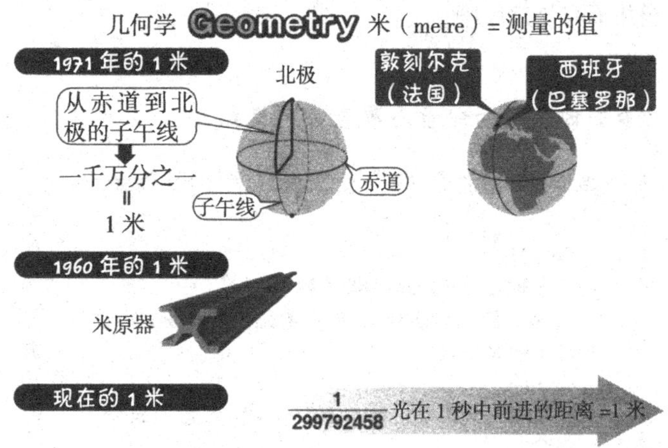

我们的大地从地球转变为时空、宇宙，实现了精度的飞跃性提高。无论单位的定义有多么复杂，“米”“千克”“秒”分别作为长度、质量、时间的单位，会被一直使用下去。

为了定义这样普遍的单位，需要天文学、物理学、化学、工学等多个领域的发展。只有人类知识的总动员才能让这些单位成立。

虽说数学只不过是这些领域的一个部分，但是数学却称得上是所有领域的根基。并且，“米（metre）”中还有着“测量”的意思。“几何学（geometry）”是对“geo（大地、地球）”

进行“metry（测量）”，也就是“丈量地球”的意思。

我们测量地球，也生存在地球上。在进行测量时，数字是非常必要的。

法国大革命的斗士实现了“单位的世界统一”的梦想。到了现代，世界上的许多国家在互相竞争和协作之下，支撑起了这些普遍的单位。

17个国家在巴黎签署《米制公约》是在1875年5月20日，所以5月20日是“世界测量纪念日”。

大家在这一天里，别忘了回想“米”“千克”“秒”中所蕴含着的祖先们的愿望与努力呀。

被红线联结起来的数字

只发现了47个完全数

像“6”“28”“496”这样的，除了自己本身之外的所有约数之和等于自己本身的数字被称为“完全数”。在无限的自然数当中，这样的完全数仅发现了47个。

对完全数的探索很困难，是与对质数的探究很困难有关联的。

▶ 完全数

6=1+2+3+6

28=1+2+4+7+14+28

496=1+2+4+8+16+31+62+124+248+496

成双成对的友爱数

相对于完全数，友爱数指的是互相构成“除自身以外的全部约数”的数字组合。

▶ 友爱数

220 的约数之和 =1+2+4+5+10+11+20+22+44+88+110+~~220~~=284

284 的约数之和 =1+2+4+71+142+~~284~~=220

1184 的约数之和 =1+2+4+8+16+32+37+74+148+296+592+~~1184~~=1210

1210 的约数之和 =1+2+5+10+11+22+55+110+121+242+605+~~1210~~=1184

数字在跳舞——社交数

此外，像“12496”“14288”“15472”“14536”“14264”这样的数被称为“社交数”。第一个 12496 的约数之和是 14288，而 14288 的约数之和是 15472，最后的 14264 的约数之和则是最开始的 12496。也就是说，社交数是一组循环一圈的数字。

▶ 社交数

12496 的约数之和 =1+2+4+8+11+16+22+44+71+88+142+176+284+568+781+1136+1562+3124+6248+~~12496~~= 14288

14288 的约数之和 =1+2+4+8+16+19+38+47+76+94+152+188+304+376+752+893+1786+3572+7144+~~14288~~=15472

15472 的约数之和 =1+2+4+8+16+967+1934+3868+7736+~~15472~~=14536

14536 的约数之和 =1+2+4+8+23+46+79+92+158+184+316+632+1817+3634+7268+~~14534~~=14264

14264 的约数之和 =1+2+4+8+1783+3566+7132+~~14264~~=12496

发现数字间的关系

完全数是“1 个”数，友爱数是“组合”，再往上便是成组的社交数，约数之和。这种方式是通过研究这些约数之和发觉数与数之间的关系。给完全数命名的人，是古希腊的欧几里得（约公元前 330—公元前 260）。被称为“几何学之父”的欧几里得认为：“$2^{n-1}(2^n-1)$”成为完全数的必要条件是“2^n-1”为质数。完全数和友爱数在毕达哥拉斯学派（古希腊哲学的派系）中广为流传，完全数“6”被认为是“代表着结婚的数字”。毕达哥拉斯学派认为，最小的偶数“2”代表着女性，接下来的奇数“3”代表着男性，“6”则是两个数字的积。

◆结婚数

《雅典学派》中的毕达哥拉斯（约公元前 569—约公元前 497，左边赤膊者）

《雅典学派》中的欧几里得（约公元前 325—约公元前 265）

女（2）× 男（3）= 结婚（6）

婚约数

完全数、友爱数和社交数共同的特征，便是它们的约数都是以“除自身以外”作为视点的。若将自身也包含在约数之中的话，就会超过自身的大小，那样的话与自身的约数之和的关系便会不成立。

下面让我们将这个想法再推进一步吧。所有的自然数的约数都包含着“1”和“自己本身”。

那么在完全数、友爱数和社交数的约数中，除了自身以外，若是把“1”也除掉的话——以这样的思考方式得出的数字就是“婚约数”。

▶婚约数

48 的约数之和 =~~1~~+2+3+4+6+8+12+16+24+~~48~~=75
75 的约数之和 =~~1~~+3+5+15+25+~~75~~=48

140 的约数之和 =~~1~~+2+4+5+7+10+14+20+28+35+70+~~140~~=195
195 的约数之和 =~~1~~+3+5+13+15+39+65+~~195~~=140

1050 的约数之和 =~~1~~+2+3+5+6+7+10+14+15+21+25+30+35+42+50+70+75+105+150+175+210+350+525+~~1050~~=1925
1925 的约数之和 =~~1~~+5+7+11+25+35+55+77+175+275+385+~~1925~~=1050

框内的（48、75）是最小的一组婚约数，接下来是（140、195）和（1050、1925）。

人类是数学的"媒人"

媒人的工作是把完全不相识的两个人撮合到一起。两个人从相遇到相知，不久之后结婚，在这可喜可贺的结果中，媒人的工作也最终完成了。结合在一起的两人越是幸福，越是能体现出两人从很早以前就被红线联结了起来。

但是，即使是被红线联结起来的两人，光凭自己要在这个世界上相遇并不容易。倒不如说，那也许是因为他们自身不具备将红线拉近的能力吧。唯有具有能看到红线的能力的媒人才能将两人的距离拉近。

就像（220、284）这样的友爱数的组合一样，他们互相都不知道自己被红线联结起来了。因此，需要作为媒人而存在的人。

拥有计算这项特殊能力的人类，还有具有高超的计算能力的数学家们，被赋予了这项光荣的任务。瑞士数学家莱昂哈德·欧拉（1707—1783）是数字界最好的媒人。欧拉最初只发现了 3 组友爱数，但是后来他仅凭一人之力让 59 组数字成功牵手。

莱昂哈德·欧拉（1707—1783）

即使是欧拉也会被困扰住的难题

顺带一提，（220、284）（1184、1210）这样的友爱数的组合均为偶数。至今没有发现过偶数与奇数的友爱数，而且至今发现的完全数也全都是偶数。究竟存不存在奇数的完全数呢，这仍然是一个尚未有定论的难题。

在数学分析领域中做出了巨大贡献的天才数学家欧拉，在1747年的论文中，提出了这个问题的困难所在。

男女的数字相遇之时

先回忆一下毕达哥拉斯学派的数字的理念。

偶数2代表女性。

奇数3代表男性。

偶数之间的组合被称为“友爱数”，这意味着它们同为女性，因为不能结婚才将其命名为了“友爱”这个合适的名字。

而对于完全数全都是偶数，也就是说全都是女性这一点，是不是可以毫无怨言地点头了呢？作为生物原型的女性可是作为“完全”的存在而诞生的哟。

像（48、75）、（140、195）、（1050、1925）这样的婚约数的组合，则是偶数与奇数，即是女性与男性的组合。

也就是说，我们可以将它们命名为“婚约数”。

数字们也在一直等待着。

安静地等待着被作为媒人的人类发现的那一天。

后　　记

计算即旅途。

我在“前言”中也曾说过类似这样的话。要说为什么会想起这句话，其原点是从松尾芭蕉开始的。

1689 年，芭蕉离开深川的草庐踏上了旅程。

日月乃百代之过客
流年亦为旅人
舟上浮浮一生
揽马首而迎老境者乃累日之旅
栖身之旅
古人多以旅终

在《奥之细道》的开头部分，松尾芭蕉表达了要踏上旅途的不平凡的决心。我从小学时开始就很喜欢旅行。准确来说的话，其实是喜欢凭自己的双脚随心而行：有时骑自行车，有时则乘坐火车。我喜欢计算也是从少年时代开始的。其中的契机是因为收音机的制作。为了制作出电路图，需要进行计算，于是我慢慢地开始对计算感兴趣了。

后来到了中学时代，邂逅了收录在语文教科书中的芭蕉的《奥之细道》，被其中的语句深深震撼。我从芭蕉的俳句中第一次知晓，以前看到的那些再平凡不过的故乡、山川的风景原来是那么美丽、那么漂亮。

在那其中，有松尾芭蕉在旅途中不惜生命创作出的名为俳句的语言的力量。

与此同时，在中学时喜欢上的爱因斯坦展现的世界，与松尾芭蕉在我心中重叠了起来。

爱因斯坦用数学公式揭示了宇宙的真理，松尾芭蕉则以俳句表现了日本的自然。

他们两人都是用话语表现出了大自然的美，那些话语给我带来的感动令我印象深刻。多亏了松尾芭蕉，让我领略到了作为语言的数学的魅力。我觉得所谓天才，是指那些能发觉掩藏在大自然中的本质，并用语言准确地将其表现出来的人。

最终，我选择了数学这门语言。

对于松尾芭蕉这样的“古人”来说，他所尊敬的是西行和能因法师。而我所尊敬的古人是纳皮尔、欧拉、黎曼、拉马努金这样的数学家。

就像芭蕉想要实现西行和能因法师那样奉献一生的旅途一样，我也想要展开一场奉献一生的计算之旅—— 一直作为科学领航员向大家展示数学的魅力。

一个人的生命大多只有不足百年，与永无止境的计算之旅比起来真是太短暂了。但是，如果每个人的计算之旅能够传承下去的话，就能够到达一个人所不能达到的、遥远的地方。

在不同的世界、相距甚远的世界之间架起名为等号的桥梁，这是数学家的工作。越是将计算之旅进行下去，就越能够看到新的风景，还能将我们引领到至今为止谁都不曾察觉的世界。当我们与想要架起等号的旅人的心境邂逅时，我们会被那些算式所感动。

这就像与松尾芭蕉的俳句邂逅一样——

计算好比旅行，
在等号的轨道上，算式的列车奔驰向前。
旅人心中满怀梦想，
追求浪漫无尽的计算旅程，
为寻找不曾相识的风景，今天再度启程。

相信在某个地方，也有科学领航员在述说着这样的故事。

樱井进

2011 年 6 月

参 考 文 献

[1] 日本数学会 . 岩波新书词典（第四版）[M]. 日本：岩波书店 .

[2] 青本和彦，等 . 岩波数学入门词典 [M]. 日本：岩波书店 .

[3] 樱井进 . 雪月花的数学 [M]. 日本：祥传社黄金文库 .

[4] W. 邓纳姆 . 欧拉入门 [M]. 日本：明镜出版社 .

[5] 片野善一 . 数学用语与符号的故事 [M]. 日本：裳华房 .

[6] 西蒙・G. 季特金 . 高斯所开辟的道路 [M]. 日本：明镜出版社 .

[7] 斋藤正彦 . 线性代数入门 [M]. 日本：东京大学出版社 .

[8] 维金科 . 数学名言集 [M]. 日本：大竹出版 .

[9] 佐藤健一 . 新・和算入门 [M]. 日本：研成社 .

[10] 根上生也 . 拓扑宇宙（完全版）——庞加莱猜想的解析之路 [M]. 日本：日本评论社 .

[11] 松本幸夫 . 多样体的基础 [M]. 日本：东京大学出版会 .

[12] 肯・阿尔德 . 万物之尺 [M]. 日本：早川书房 .

[13] H.E.Dudeney.The Canterbury Puzzles[M].Dover Publications.